VICTOR HUGOT

PETIT TRAITÉ COMPLET

D'AGRICULTURE & D'HORTICULTURE

Conférences agricoles et horticoles

2ᵉ ÉDITION REVUE, CORRIGÉE
ET MISE AU COURANT DES PROGRÈS AGRICOLES

PAR

EMILE DESBEAUX

Ingénieur agricole.

80 FIGURES DANS LE TEXTE

PARIS

P. DUCROCQ, LIBRAIRE-ÉDITEUR

55, RUE DE SEINE, 55

1883

DU MÊME AUTEUR

Pour paraître prochainement

LUCIA LA COQUETTE

1886. — ABBEVILLE — TYP. ET STÉR. GUSTAVE RETAUX.

PETIT TRAITÉ COMPLET

D'AGRICULTURE & D'HORTICULTURE

2274. — ABBEVILLE. — TYP. ET STÉR. GUSTAVE RETAUX.

VICTOR HUGOT

PETIT TRAITÉ COMPLET
D'AGRICULTURE & D'HORTICULTURE

Conférences agricoles et horticoles

2ᵉ ÉDITION REVUE, CORRIGÉE

ET MISE AU COURANT DES PROGRÈS AGRICOLES

PAR

ÉMILE DESBEAUX

Ingénieur agricole.

80 FIGURES DANS LE TEXTE

PARIS

P. DUCROCQ, LIBRAIRE-ÉDITEUR

55, RUE DE SEINE, 55

1882

PRÉFACE

Le livre que nous présentons sous une forme nouvelle a été soigneusement revu, corrigé et mis au courant des progrès agricoles et horticoles.

Sous un aspect attrayant, avec ses questions et ses réponses habilement divisées, faciles à comprendre et à retenir, l'ouvrage de Victor Hugot est un traité complet d'agriculture, d'horticulture et de botanique, qui a déjà obtenu de grands succès.

Nous sommes heureux de rappeler qu'une médaille d'or a été décernée à ce livre par la Société d'agriculture de Joigny, et que les membres de cette Société l'ont, à l'unanimité, déclaré excellent et appelé à rendre d'immenses services.

La Société nantaise d'horticulture, le Conseil général de l'Yonne, la Société d'agriculture, sciences et arts d'Angers, l'ont recommandé spécialement aux pères de famille et aux instituteurs.

Enfin la Société d'agriculture de Cerisiers de

l'Yonne a honoré d'une importante souscription cet ouvrage destiné à enseigner simplement le plus simple et pourtant le plus arriéré de tous les arts.

On voit que ce sont là des titres sérieux qui dénotent la haute valeur du livre de Victor Hugot et qui le désignent clairement et sincèrement à l'attention de tous ceux qui veulent s'instruire eux-mêmes ou instruire les autres — gens utiles et honnêtes dont le nombre heureusement grandit de jour en jour dans notre pays de France.

ÉMILE DESBEAUX.

PETIT TRAITÉ COMPLET

D'AGRICULTURE ET D'HORTICULTURE

CHAPITRE PREMIER

LE CULTIVATEUR.

LA PROFESSION DU CULTIVATEUR. SES AVANTAGES COMPARÉS A CEUX DES AUTRES PROFESSIONS.

L'agriculture repose sur des principes et des règles parfaitement établis.

Ceux qui liront ce livre ne seront donc pas condamnés à marcher en aveugles dans le sentier de la routine ; ils pourront raisonner leurs opérations, faire d'intelligentes expériences, découvrir même des procédés nouveaux.

Ils seront déjà disposés à embrasser une profession que tant de jeunes gens cherchent à abandonner, sans doute parce qu'ils la connaissent mal, car *on s'attache de préférence à ce que l'on connaît bien.*

Oui, ce n'est que trop vrai, de nos jours, beaucoup de jeunes gens délaissent l'agriculture, abandonnent les campagnes qui les ont vus naître, et affluent vers les grandes villes. Ils recherchent

avidement les professions industrielles et bureau-
cratiques, pensant y trouver de bien plus grands
avantages que dans celles de leurs parents.

Et c'est, sans le vouloir, qu'ils se trompent.

1. *Le métier du cultivateur est-il, comme on l'a dit, peu
lucratif ?*

On ne doit pas toujours évaluer le produit d'un
emploi par les bénéfices bruts qu'il donne ; il faut
aussi mettre en regard les dépenses qu'il occasionne et les avances de temps et d'argent que l'on
a été obligé de faire pour y arriver. Les habitants
des campagnes s'imaginent que tous ceux qu'ils
voient circuler dans les rues des villes, portant
chapeau et redingote, roulent sur l'or et l'argent.
Ils sont dans l'erreur. L'habit n'indique pas toujours
que celui qui le porte est dans l'aissance : c'est le
plus souvent pour satisfaire aux exigences de leur
profession que tel et tel endossent un paletot au
lieu d'une blouse ; c'est pour eux une charge dont
probalement ils s'exonéreraient s'ils le pouvaient.
Certaine mise est donc la conséquence d'une con-
venance, d'une nécessité et non d'un caprice.

La mise du cultivateur est ce qu'elle doit être :
rustique et non élégante, une blouse au lieu d'un
paletot ; l'une ne déshonore pas plus que l'autre.

A la ville, le loyer, la nourriture, le chauffage se
paient plus cher qu'à la campagne. Chaque matin,
il faut à l'ouvrier manufacturier de l'argent pour
acheter ses provisions de bouche. — Si l'ouvrage
vient à manquer, ce qui arrive fréquemment, il
épuise bientôt ses économies, en attendant qu'il
retrouve du travail ; et comme le plus souvent c'est
lui seul qui gagne la vie à sa femme et à ses enfants,

la misère ne tarde pas à frapper à sa porte. Les cultivateurs fabriquent leurs aliments eux-mêmes ; ils mettent en réserve tout ce qu'il faut pour vivre une grande partie de l'année. Parmi leurs produits, les uns se renouvellent journellement, les autres arrivent toujours à époques fixes, et ils en tirent parti argent comptant lorsqu'ils le veulent. Les chômages ne les atteignent jamais ; chaque année, la terre a besoin d'être travaillée : par conséquent, pour eux, la besogne est incessante.

De plus, c'est là une grand avantage, chez eux, hommes, femmes et enfants trouvent à s'occuper. Les enfants rendent des service dès l'âge de douze à treize ans et les parents n'ont point à pourvoir à l'apprentissage de leur métier : ils le font avec eux, près d'eux, sous leur surveillance, sans déplacement et sans frais, et ils jouissent sans cesse du bonheur réel de vivre au sein de la famille.

2. *Le travail dans les villes est-il mieux rémunéré que dans les campagnes?*

Pas tant qu'on le croit. Une terre bien cultivée, amendée et fumée, doit nécessairement produire plus qu'une autre dans laquelle on n'a fait aucuns frais. Le bénéfice de la première sera certainement supérieur à celui de la seconde ; mais il devra être diminué de toutes les avances faites à la terre qui l'a produit. Il en est de même des métiers dans les villes. Plus on a dépensé de temps et d'argent pour arriver à un emploi, plus cet emploi doit être productif ; mais tout le gain n'est pas net, car il comprend l'intérêt d'un capital avancé, dont il est juste de faire la déduction. Puis on ne compte pas toutes les peines, tous les soucis qu'il en coûte pour obte-

nir ces emplois et pour les conserver ; les cultivateurs ignorent aussi toute la responsabilité qui
pèse sur les employés, les commerçants, les fonc-
tionnaires et la dépendance dans laquelle ils se
trouvent.

Les cultivateurs, au contraire, ne craignent
point de perdre leur position, et personne n'a mis-
sion de contrôler leur travail ni de leur infliger des
amendes, pourvu qu'ils restent dans les limites du
droit et de la justice. Ils agissent comme il leur
plaît dans l'administration de leur maison, et ils
sont aussi indépendants qu'il est donné à l'homme
de l'être au milieu d'une société libre et civilisée.

3. *La vie des champs est-elle préférable à la vie des
villes ?*

Les habitants des champs sont déjà assez favo-
risés de vivre au milieu de ces belles campagnes
couvertes de plantes variées, de fleurs et de fruits,
où l'on respire un air si pur et si salutaire. On sait
comme tous ces gens de la ville, continuellement
renfermés dans leurs habitations privées d'air, ou
travaillant dans les manufactures au sein d'une atmosphère corrompue, profitent de leurs jours de
repos pour s'en venir à la campagne. On les entend s'extasier sur les beautés de la nature, sur
la multiplicité de ses dons, sur le bonheur que l'on
goûte dans la vie champêtre, loin du bruit et des
piéges séducteurs des cités populeuses !

Les travaux même sont favorables à la santé et
au développement des forces physiques. C'est
parmi les cultivateurs que l'on trouve les hommes
les plus robustes ; et, s'ils voulaient prendre un
peu plus de précautions hygiéniques, les maladies

les atteindraient dans une proportion moindre que les habitants des villes.

On peut donc conclure que la profession du cultivateur a des avantages nombreux et incontestables et que c'est la première et la plus utile de toutes les professions : car ce sont les cultivateurs qui pourvoient à la nourriture du genre humain. Aussi, tous les hommes supérieurs savent-ils apprécier l'importance des travaux agricoles. Partout des sociétés se sont formées pour les honorer et les encourager. Le Ministère fait de constants efforts pour améliorer l'agriculture, et le Gouvernement de la République française, acquerra de nouveaux droits à la reconnaissance du pays, en rehaussant la profession de cultivateur et en favorisant tous les perfectionnements dont l'agriculture est susceptible.

4. *Quelle doit-être l'instruction du cultivateur ?*

Il serait inutile de chercher à démontrer quelle est, de nos jours, l'utilité de l'instruction ; il n'y a plus personne qui n'en comprenne les bienfaits. Cependant on rencontre encore dans les campagnes beaucoup de familles qui négligent d'envoyer leurs enfants à l'école, ou qui ne les y envoient guère que trois ou quatre mois par an. Ce temps est, certes, bien insuffisant, et les maîtres gémissent des vains efforts qu'ils font pour développer l'intelligence, former l'esprit de leurs élèves, et leur donner les notions dont ils auront besoin.

5. *Quelles sont les connaissances que doivent avoir les cultivateurs ?*

Les connaissances que devraient posséder les cultivateurs sont, en première ligne, celles qu'acquièrent les enfants qui suivent régulièrement les classes jusqu'à l'âge de douze à quatorze ans. Et pour qu'elles leur soient réellement profitables, il est nécessaire qu'ils sachent non seulement lire, écrire, faire les opérations principales de l'arithmétique, mais il importe beaucoup qu'ils comprennent ce qu'ils lisent, qu'ils puissent faire des rédactions, discuter par écrit leurs intérêts, et qu'ils soient capables de résoudre toutes les questions usuelles de calcul sur les mesures métriques et les faits agricoles. Le cultivateur ne devrait pas ignorer non plus la mesure des surfaces régulières et des volumes, et, ce qui n'a pas encore été assez enseigné jusqu'ici, des notions théoriques et pratiques d'agriculture, d'horticulture et de comptabilité agricole.

Cet enseignement pratique de l'agriculture et de l'horticulture sera facile à donner, lorsque les maîtres auront à leur disposition, à côté de la maison d'école, un terrain sur lequel pourront être faits des semis, des plantations de toutes espèces, des divisions pour les assolements, etc. On ne peut pas douter que chaque commune ne veuille bientôt posséder son *jardin communal*.

6. *Quelles sont les qualités que doivent posséder les cultivateurs ?*

Le cultivateur doit être actif, sensé, prudent, persévérant, sagement économe, observateur des faits qui le concernent, exempt des préjugés qui font que certaines gens repoussent sans examen toute innovation, et restent aveuglément stationnaires et dans le chemin de la routine, quand tout marche et progresse autour d'eux. Il doit connaître

les bestiaux, savoir les acheter, les conserver et
les vendre en temps opportun, se tenir au courant
des prix des denrées, sans qu'il ait besoin pour cela
de fréquenter tous les marchés.

Il doit être par-dessus tout un honnête homme,
un homme moral, loyal, agissant toujours avec
franchise et délicatesse dans ses opérations et non
avec ruse, car l'honnêteté et la loyauté sont les
meilleurs moyens de réussir.

CHAPITRE II

AGRICULTURE.

LE SOL.

7. *Qu'est ce que le sol ?*

Le *sol* est cette couche superficielle de la terre que retourne la charrue, et dans laquelle croissent les plantes.

8. *Qu'appelle-t-on sol végétal et sol arable ?*

On appelle *sol végétal* la partie de terre qui est propre à la production des plantes ; *sol arable,* celle qui est travaillée par les *outils* ou *instruments aratoires.*

9. *Qu'est-ce que le sous-sol ?*

Le *sous-sol* est la couche de terre placée immédiatement au-dessous du sol arable.

10. *Quelles sont les matières principales qui entrent dans la composition du sol ?*

Ce sont : l'*argile,* la *silice,* le *carbonate de chaux* et l'*humus* ou *terreau.*

11. *Un sol qui contiendrait seulement l'une ou l'autre de ces matières serait-il productif ?*

Non, chacune d'elles prise isolément ne peut rien produire ; ce n'est que mélangées dans une *proportion convenable* que ces substances deviennent fertiles.

La plupart des terrains sont improductifs, parce

qu'une ou deux des matières composantes s'y trouvent en trop grande ou en trop petite quantité.

LE SOL ARGILEUX.

12. *Qu'est-ce que l'argile ?*

L'*argile* est une terre qui, à l'état humide, forme une pâte douce, lisse, susceptible de se mouler sous toutes les formes ; à l'état sec, elle se prend en une masse compacte. L'argile s'attache fortement à la langue et en absorbe l'humidité ; elle retient l'eau avec force, et se crevasse en se desséchant.

On peut reconnaître qu'une terre contient de l'argile en en mettant une poignée dans de l'eau et en la pétrissant. Si la terre contient de l'argile il se formera une pâte glutineuse qui, un peu desséchée, prendra de la consistance et conservera toutes les formes qu'on voudra lui donner.

12. (bis). *Comment appelle-t-on les terres dans lesquelles l'argile domine ?*

On les appelle *argileuses, terres grasses, froides, humides ;* et *terres fortes, compactes,* si elles contiennent beaucoup d'argile.

13. *Quels sont les avantages que présentent les terres argileuses ?*

Retenant l'eau facilement, elles conservent aux plantes l'humidité dont celles-ci ont besoin, ce qui est une propriété précieuse, surtout pour les climats chauds et lorsque la sécheresse se prolonge.

Elles offrent une base solide aux racines des végétaux, et, l'air les pénétrant difficilement, elles conservent plus longtemps que toute autre terre les engrais qui leur sont confiés.

14. *Quels inconvénients présentent-elles?*

A la suite des grandes pluies, on ne peut les cultiver, tant la terre s'attache aux instruments ; les semences et les plantes y sont exposées à pourrir.

Par la sécheresse et par la gelée, elles se crevassent, et les plantes dont les racines sont mises à nu souffrent de l'action de l'air. Les labours ne peuvent s'y faire qu'avec beaucoup de difficulté.

Il est donc très-important que le cultivateur saisisse le moment favorable pour donner le labour à ces terres, et surtout pour les ensemencer. Les semailles du froment doivent y être faites dans les premiers jours de la saison, si c'est possible.

15. *Par quels moyens peut-on corriger en grande partie les défauts des terres argileuses?*

On peut les corriger par l'assainissement du sol, c'est-à-dire en retirant l'eau dont elles sont imprégnées, au moyen de rigoles d'écoulement, de fossés couverts, de puisards ou trous remplis de pierres, et du drainage ; par l'écobuage, par de fréquents et profonds labours ; par des fumures abondantes consistant en fumier chaud; par le marnage et le chaulage.

16. *A quelles plantes les terres argileuses conviennent-elles?*

Au froment, à l'avoine, au sarrasin ou blé noir, au colza, à la navette, au trèfle, au chou,

17. *Qu'appelle-t-on terres argilo-siliceuses ou argilo-sablonneuses ?*

Ce sont celles qui, outre l'argile, contiennent plus ou moins de silice ou de sable ?

18. *Le sable modifie-t-il avantageusement la propriété des terres argilleuses?*

Le sable, en divisant ces terres, les améliore

considérablement. Il les rend plus saines, plus
faciles à travailler, et leur permet de donner des
récoltes plus abondantes et plus variées.

LE SOL SILICEUX.

19. *Qu'est-ce que la silice?*

La silice est une substance blanche, inodore,
insipide, rude au toucher, infusible au feu de forge
le plus violent ; elle forme le quartz, le silex, l'a-
gate et presque toutes les pierres dures et pré-
cieuses. Humide, elle ne fait jamais pâte. Dans la
nature, la silice est le plus souvent mélangée, et ce
qu'on appelle le *sable* n'est autre qu'une matière
pierreuse composée de grains plus ou moins fins
qui proviennent des roches silicieuses.

On peut reconnaître qu'une terre contient de la
silice en en délayant une poignée dans un verre
d'eau et en laissant reposer. La silice se déposera
sous forme de sable au fond du verre.

20. *Qu'appelle-t-on terres silicieuses ou sablonneuses ?*

Les terres *silicieuses* ou *salonneuses* sont celles
dans lesquelles la silice ou le sable forme la partie
principale.

21. *Quels sont les avantages que présentent ces terres?*

Elles sont faciles à cultiver : elles exigent moins
de labours que les terres argileuses ; elles donnent
aisément passage à l'eau ; elles s'échauffent facilement au soleil.

22. *Quels inconvénients ont-elles ?*

Elles ont l'inconvénient de ne pas retenir, même
dans les sécheresses ordinaires, l'eau qui est
nécessaire à la végétation ; de perdre promptement

les propriétés fertilisantes des engrais ; de laisser souffrir les plantes, que le vent déracine par suite du peu de consistance du sol.

Les terres siliceuses peuvent être fertiles dans les années pluvieuses et dans les pays froids et humides. Il convient de les fumer souvent et peu à la fois.

23. *Comment peut-on améliorer les terres siliceuses?*

On peut les améliorer : par l'application d'une terre argileuse ; par l'irrigation et par la plantation de haies ou d'arbres qui conservent l'humidité au sol ; par de profonds labours, surtout si le sous-sol est argileux ; par du fumier de bêtes à cornes presque décomposé ; par de fréquents pacages et la conversion du sol en prairies.

24. *Quelles sont les plantes que produisent les terres siliceuses ?*

Le seigle, le sarrasin, la pomme de terre, les navets, les raves, le millet, le trèfle incarnat.

25. *Quels noms donne-t-on encore aux terres siliceuses ?*

On leur donne encore le nom de *terres légères ;* et si l'argile entre pour une notable proportion dans la composition de ces terres, on les appelle *terres silico-argileuses.*

26. *Pourquoi la présence de l'argile dans un sol siliceux doit-elle l'améliorer ?*

Par la liaison qu'elle donne au sable et par l'humidité qu'elle conserve au sol.

27. *Quelles sont les plantes que produisent les terres silico-argileuses.*

Elles peuvent produire le froment, l'avoine, les pois, les betteraves, du sainfoin et de la luzerne, surtout si elles contiennent un peu de carbonate

de chaux. Les produits de ces terres sont en général peu abondants, mais ils sont très-nutritifs.

LE SOL CALCAIRE.

28. *Qu'est-ce qu'un sol calcaire?*

Un sol est appelé calcaire lorsque le carbonate
de chaux entre pour moitié dans sa composition.

29. *Qu'est-ce que le carbonate de chaux ?*

C'est une combinaison de chaux et d'acide carbonique qui constitue la craie, la pierre calcaire,
le marbre, les coquillages et beaucoup de minéraux.

Lorsqu'une terre contient du carbonate de chaux
en trop grande quantité, elle est presque infertile,
car les plantes y brûlent.

On peut reconnaître qu'une terre contient du
carbonate de chaux à l'effervescence qui se produit
si on arrose avec du vinaigre une poignée de cette
terre.

30. *Quels sont les caractères particuliers à ces terres ?*

Elles absorbent facilement l'humidité, mais elles
la laissent s'évaporer aux moindres rayons du
soleil ; la pluie les rend pâteuses, et la sécheresse
les réduit en poussière ; et comme elles sont blan-
châtres, elles renvoient, elles réfléchissent les
rayons solaires qui échauffent fortement les premières couches du sol.

31. *Lorsque l'argile ou le sable entre pour une portion
notable dans les terres calcaires, comment les nomme-t-on?*

On les appelle terres *calcaires-argileuses*.

32. *Quels effets produit le carbonate de chaux dans les
terres argileuses?*

Le carbonate de chaux rend les sols argileux

moins tenaces, plus meubles, plus friables et plus faciles à cultiver. Il hâte la maturité des récoltes, favorise la production de certaines plantes fourragères, comme la luzerne, le sainfoin, que refuse de produire le sol plus argileux. Il augmente aussi la valeur des produits agricoles.

33. *Quels effets produit-il appliqué aux terres siliceuses ?*

Appliqué aux terres siliceuses, le carbonate de chaux leur donne plus de consistance et les rend propres à d'excellentes cultures.

34. *Qu'appelle-t on sol crayeux ?*

Celui dans lequel le carbonate de chaux est porté au plus haut degré.

Les sols calcaires et crayeux sont soulevés par la gelée ; après l'hiver, il faut y faire passer le rouleau afin de raffermir la terre et de chausser les plantes.

Dans les sols calcaires, les engrais sont facilement et promptement décomposés, et les plantes en profitent sans retard.

L'HUMUS OU LE TERREAU.

35. *Qu'est-ce que l'humus ou terreau ?*

L'*humus* ou *terreau* est une substance terreuse d'une couleur brune ou noirâtre, provenant de la décomposition des matières animales et végétales enfouies dans la terre : il contient abondamment des principes fertilisants.

36. *Les sols composés convenablement d'argile, de silice et de carbonate de chaux sont-ils productifs sans humus ?*

Non, certainement. L'humus est indispensable à tous les sols, et leur degré de fertilité dépend en général de la quantité d'humus assimilable qu'ils contiennent.

Cette réponse a besoin d'une explication.

Il y a deux sortes d'humus : l'un soluble, l'autre insoluble. Les terres où le premier se trouve en abondance sont très-fertiles. Cela se comprend : plus l'eau dissout de sels, plus elle se charge de principes nutritifs ; plus elle en introduit dans les plantes, plus celles-ci acquièrent de force. Ces sols privilégiés sont propres à toute espèce de culture.

Les sols à humus insoluble sont les terres de bruyère et de bois et les tourbes.

Les terres tourbeuses ont été formées par le séjour trop prolongé d'eaux stagnantes et par la décomposition imparfaite de plantes de marais : elles sont spongieuses, s'imbibent d'eau ou se dessèchent à l'excès. Pour les améliorer, il faut : 1° les assainir ; 2° les rendre consistantes en y mélangeant des plâtras, des terres sableuses, etc. ; 3° enlever leur acidité en leur donnant des amendements calcaires (chaux, marnes, etc.); 4° en brûler la surface. Les terres tourbeuses, de landes et de bois défrichés, demandent donc pour amendement spécial du calcaire, pour engrais, du noir animal, et, pour conserver leur fidélité, du fumier.

Il peut être nécessaire de savoir distinguer la dose de terreau soluble que contient une terre.

Pour cela on prend par exemple 100 grammes de cette terre auxquels on ajoute 24 à 25 grammes de *carbonate de soude* ; on fait bouillir le tout dans un peu d'eau, puis on verse dans un verre et on laisse reposer. Le terreau se détache des matières minérales (argile, silice, etc.), se dissout avec les cristaux, le liquide devient couleur noirâtre. Si cette couleur est peu foncée, c'est un indice que la terre ne contient pas beaucoup de terreau.

Un sol où l'on voit pousser le mouron, la fume-terre, l'ortie, le seneçon, l'hièble, est riche en humus.

LES TERRES FRANCHES.

37. *Qu'appelle-t-on terres franches ?*

Les terres *franches* sont un mélange des trois autres avec un douzième d'humus. Elles ne sont ni trop friables, ni trop pâteuses; l'eau, l'air et la chaleur les pénètrent facilement. Elles donnent d'abondantes récoltes.

L'INFLUENCE DU SOUS-SOL SUR LA FERTILITÉ DES TERRES.

Le sous-sol peut être ou de même nature que le sol ou d'une nature différente; il est dit *perméable* lorsqu'il donne aisément passage à l'eau, et on l'appelle *imperméable* quand l'eau *dort* à sa surface. La fertilité du sol dépend beaucoup de la nature du sous-sol.

38. *Y a-t-il avantage à ce qu'une terre arable repose sur un sous-sol de même nature qu'elles ?*

1° Si c'est une terre franche ?

Il y a avantage s'il s'agit d'une terre franche; car au moyen de labours profonds on peut augmenter l'épaisseur de la couche arable et, par là, donner aux plantes, aux plantes-racines surtout, la facilité de développer leurs racines dans un sol meuble. L'humidité s'y conserve mieux dans les grandes sécheresses, et, dans le temps de pluie, l'eau s'infiltre facilement dans le sous-sol.

39. 2°. *S'il s'agit d'une terre argileuse ?*

Si c'est un sous-sol argileux qui se trouve recouvert par un sol de même nature, il est presque toujours nuisible à la terre : comme il est imperméable à l'eau, celle-ci, après de fortes pluies, séjourne au pied des plantes et peut les pourrir, et à la suite d'une sécheresse, la terre se crevasse. On remédie en partie à cet inconvénient par des labours profonds.

40. 3° *S'il s'agit d'un sol siliceux ?*

Lorsque c'est un sol siliceux ou sablonneux, naturellement perméable, qui supporte une couche de même nature que lui, les récoltes souffrent beaucoup de la sécheresse, et les engrais perdent promptement les sucs fertilisants qu'ils contiennent.

Cependant il faut bien se garder de faire des labours profonds tout d'un coup, car la terre du sous-sol, ramenée à la surface, n'étant ni échauffée par le soleil, ni pénétrée par l'air et la lumière, et n'ayant pas reçu d'engrais, ne produirait pas pendant quelque temps. Le meilleur moyen est de fouiller le sous-sol à l'aide d'un instrument particulier qui le divise en le laissant en place.

Examinons l'influence que peut avoir un sous-sol d'une nature différente du sol qu'il supporte. Par exemple :

41. *Qu'arrive-t-il ?*

1° *Si une terre argileuse repose sur une couche siliceuse ?*

Si une terre argileuse repose sur une couche de sable poreuse, les eaux que l'argile retient en trop grande abondance peuvent s'écouler avec facilité : c'est un avantage.

42. 2°. *Si une terre sablonneuse a un sous-sol argileux ?*

Si une terre sablonneuse a un sous-sol argileux, celui-ci, étant imperméable, conserve à la couche supérieure, très-disposée à sécher, une humidité précieuse, et la végétation y gagne. Par les labours, on peut encore opérer un mélange avantageux d'argile et de sable, de sable et d'argile.

43. 3° *Si une terre argileuse ou siliceuse repose sur un sous-sol calcaire ?*

Lorsque le sous-sol est calcaire, c'est un avantage pour les couches argileuses et sablonneuses ; mélangé avec elles par des labours profonds, il les améliore sensiblement ; il rend les premières plus chaudes et moins compactes, et il donne aux secondes plus de consistance.

Il importe de savoir reconnaître la nature du sol et du sous-sol. Celui-ci est un puissant auxiliaire de celui-là, lorsqu'ils sont composés de matières différentes.

44. *Quelles sont, en résumé, les qualités que doit avoir une terre pour être fertile ?*

Il faut que la terre ne soit ni trop compacte, ni trop légère, ni trop humide ; qu'elle ait une couleur foncée ; qu'elle soit composée par portions à peu près égales de matières argileuses, sablonneuses et calcaires, et qu'elle contienne un douzième d'humus ; qu'elle repose sur un sous-sol perméable si elle retient l'eau, imperméable si elle la laisse s'écouler, et que ce sous-sol n'ait pas les qualités qu'elle-même contiendrait déjà à l'excès.

CHAPITRE III

LA PRÉPARATION DU SOL.

Toutes les parties du territoire français ne sont pas encore, il s'en faut de beaucoup, dans un état tel qu'on puisse y faire toutes les opérations d'une culture régulière. Certaines contrées ont d'immenses plaines incultes.

45. *Quels sont les moyens que l'on peut employer pour rendre ces sortes de terres propres à produire des végétaux utiles?*

Il y en a plusieurs : les principaux sont le *défrichement*, l'*épierrement*, l'*assainissement*. Il y a a aussi deux opérations complémentaires importantes, savoir ; l'*écobuage* et le *drainage*.

DÉFRICHEMENT.

46. *Qu'est-ce que le défrichement?*

C'est une opération qui consiste à mettre en culture une terre inculte, ou ne produisant que de maigres pâturages, de la bruyère, etc.

47. *Le défrichement ne s'applique-t-il qu'aux terres improductives ?*

Le défrichement s'applique aussi au bois. Dans tous les cas, avant de défricher une propriété pour la convertir en culture, il faut bien se demander si la terre donnera, déduction faite des dépenses énormes que nécessite cette opération, un produit supérieur à celui qu'elle rend en bois ou en pâture.

48. *Comment arrive-t-on à mettre en culture des friches, des bruyères, de vieilles prairies ?*

On donne à ces terrains plusieurs labours successifs, assez profonds pour que les racines soient soulevées, et pas trop, pour ne pas tout d'abord amener à la surface un sous-sol qui n'est point échauffé par le soleil, ni pénétré par l'air.

Dans les terres couvertes de mousse ou de bruyères, on fait précéder d'un brûlis le premier coup de charrue.

49. *Pour détruire plus facilement les racines des vieux herbages, à quelle opération a-t-on recours ?*

On a recours à une excellente opération qu'on appelle *écobuage*.

L'ÉCOBUAGE.

50. *Qu'est-ce que l'écobuage ?*

L'*écobuage* est une opération qui a pour but de délivrer les terrains de tous les herbages, de toutes les racines et de tous les insectes, en les brûlant avec la terre qui les contient, et de fertiliser le sol en y répandant les cendres.

51. *L'écobuage ne se pratique-t-il que dans les terres défrichées ?*

L'écobuage se pratique aussi dans les terres fortes, en mauvais état de culture, afin de les diviser et de les ameublir. Il ne conviendrait pas aux terres sablonneuses, trop peu consistantes de leur nature.

52. *Comment se pratique l'écobuage ?*

On lève le gazon, on le ramasse en petits tas que l'on dispose en forme de fourneau, puis par un temps sec, on met le feu dedans. Lorsque la terre est assez brûlée, on la répand sur le sol et on donne un léger labour.

L'ÉPIERREMENT.

53. *Quels sont les terrains qu'il faut épierrer ?*

Ce sont ceux dans lesquels se trouvent des roches que l'on peut casser sans trop de frais, et en général ceux qui ont de grosses pierres roulantes mêlées à de la bonne terre.

54. *Y a-t-il des terrains où les pierres soient utiles ?*

Certainement. Dans les terres argileuses, compactes, il est très-utile qu'il y ait des pierres pour les diviser : il faut bien se garder d'ôter celles qui s'y trouvent.

L'ASSAINISSEMENT.

Toute opération de marnage et de chaulage, toute application d'engrais dans les terres constamment humides, restent infructueuses, et le cultivateur qui persisterait à travailler ces terres sans les assainir courrait à sa ruine.

55. *De quelle cause peut provenir la trop grande humidité des terres ?*

Elle peut provenir de la présence des eaux de source et des eaux pluviales, du défaut de pente du sol et de l'imperméabilité du sous-sol.

56. *Comment parvient-on à assainir les terrains dont l'humidité provient des eaux de source?*

On saisit ces sources à leur point de départ : on réunit les eaux dans une tranchée, et on les écoule par un fossé de décharge.

57. *Comment peut-on assainir les terrains dont l'humidité provient des eaux pluviales ?*

Lorsque les eaux pluviales séjournent sur la terre, on trace des rigoles qui les conduisent soit à un ruisseau, soit dans les fossés dont il faut entourer le champ.

58. *Comment peut-on diminuer l'humidité d'un sol qui n'a pas de pente ?*

Si le sol n'a pas de pente, les rigoles sont inutiles, C'est le sous-sol qu'il faut sonder. Quelquefois au-dessous de la couche imperméable dont il est composé se trouve un sable mouvant. Dans ce cas, on creuse de distance en distance des *puisards* ou *entonnoirs*, par lesquels les eaux vont se perdre.

59. *A quel moyen a-t-on recours pour diminuer l'humidité d'un terrain dont la couche du sous-sol imperméable est épaisse ?*

Si la couche du sous-sol imperméable est trop épaisse pour qu'on puisse y pratiquer des puisards, il faut se contenter d'avoir des mares dans les champs.

Il y aurait bien un excellent moyen d'assainissement à appliquer dans ces plaines horizontales humides : ce serait d'y faire traverser des canaux. Mais le gouvernement seul peut entreprendre une opération si dispendieuse, si utile et si nationale.

60. *Aant de se livrer à de grandes opérations d'assainissement, qu'est-il prudent de faire ?*

Il est très-prudent de consulter des hommes spéciaux, de s'assurer si les frais d'assainissement et d'entretien n'excèderait pas les produits que donneraient les terres assainies. Dans ce cas, il vaut mieux renoncer à mettre en culture les terrains humides et marécageux, et y faire des plantations.

Nous sommes arrivés à une époque où une question très-importante pour l'agriculture préoccupe les hommes sérieux et le Gouvernement lui-même : c'est le *drainage*.

DU DRAINAGE

61. *Qu'est-ce que le drainage ?*

Le *drainage* est l'ensemble des procédés employés pour débarrasser les terres des eaux de source ou de pluie qui s'y accumulent et y séjournent.

62. *En quoi consiste-t-il ?*

Le drainage proprement dit d'un terrain consiste dans le creusement d'un certain nombre de tranchées au fond desquelles on place des tuyaux en terre cuite que l'on recouvre de terre. C'est par ces tuyaux raccordés les uns aux autres que les eaux surabondantes du sol s'écoulent dans des fossés de décharge, dans des ruisseaux ou sur les chemins. Les lignes de tuyaux s'appellent *drains*.

63. *Par où l'eau entre-t-elle dans les drains ?*

Par des vides qui se trouvent à la jonction des tuyaux. Ces vides sont protégés quelquefois contre

2

les matières qui pourraient les boucher par des *manchons* également en terre cuite, et dans lesquels s'emboîtent les tuyaux.

64. *Combien distingue-t-on de sortes de drains?*

Deux sortes : les *drains d'asséchement* et les *drains collecteurs*.

65. *Qu'appelle-t-on drains d'asséchement ?*

Ce sont les drains qui reçoivent l'eau du sol, qu'ils déversent dans les drains collecteurs auxquels ils aboutissent.

66. *Q'appelle-t-on drains collecteurs?*

Ceux qui conduisent dans les fossés de décharge les eaux qu'ils reçoivent des drains d'asséchement.

PRINCIPES A OBSERVER DANS L'EXÉCUTION DES TRAVAUX DE DRAINAGE.

67. *Quels sont les principes à observer dans l'exécution des travaux de drainage ?*

Ces principes sont :

1° La direction à donner aux drains d'après l'inclinaison du sol ;

2° La profondeur des drains ;

3° L'espacement des drains ;

4° La pente à donner aux drains ;

5° La dimension des tuyaux ;

6° La longueur des drains.

1° DIRECTION A DONNER AUX DRAINS.

68. *Quelle direction doit-on donner aux drains ?*

Les drains d'asséchement doivent être placés selon la ligne de la plus grande pente ; les drains

collecteurs occupent les parties basses des champs,
et sont le plus souvent en travers des versants.

2' PROFONDEUR DES DRAINS.

69. *A quelle profondeur doivent être placés les drains ?*

Plus les drains sont espacés, plus la profondeur
à laquelle les tuyaux doivent être placés est grande,
parce que plus les drains sont profonds, plus le
terrain qu'ils assainissent de part et d'autre a d'é-
tendue. En général, on adopte une profondeur
moyenne de $1^m,20$, mais cette profondeur peut varier de $0^m,80$ à 2 mètres.

3° ESPACEMENT DES DRAINS.

70. *A quelle distance les drains doivent-ils être les uns
des autres ?*

La distance à observer entre les drains dépend
de la profondeur à laquelle ils sont placés, de la
nature du sol et de sa pente. Plus la profondeur
des drains est grande, plus est grand leur espacement. Quoiqu'il soit difficile de donner des mesures invariables, on peut dire que, pour une profondeur de :

1 m.	»	l'espacement serait de	13	mètres.
1 m.	20	—	16	—
1 m.	40	—	24	—
1 m.	60	—	32	—
1 m.	80	—	40	—
2 m.	»	—	48	—

4° PENTE A DONNER AUX DRAINS.

71. *Quelle pente doit-on donner au drains?*

Les drains doivent avoir le plus de pente possible, afin qu'ils laissent les eaux s'écouler rapidement et que les obtructions soient moins faciles. L'inclinaison ne doit pas être inférieure à 2 et à 3 millimètres par mètre. Dans tous les cas, il faut qu'elle soit uniforme.

5° DIAMÈTRE A DONNER AUX DRAINS.

72. *Quel est le diamètre des drains?*

Les drains d'asséchement ont ordinairement de $0^m,025$ à $0^m,027$ de diamètre à l'intérieur. Celui des drains collecteurs est plus grand ; il varie de $0^m,05$ à $0^m,08$, selon la longueur et le nombre des drains d'asséchement que reçoivent les collecteurs.

6° LONGUEUR DES DRAINS.

73. *Comment apprécie-t-on la longueur à donner aux drains?*

On l'apprécie d'après l'espacement, la pente des drains et le diamètre des tuyaux. La longueur des drains est d'autant plus grande qu'ils ont plus d'espacement et de pente, et que les tuyaux ont un plus grand diamètre.

La longueur des collecteurs varie avec le nombre et la longueur des drains d'asséchement.

La plus grande longueur qu'il convient de donner aux drains ordinaires est de 250 mètres.

L'EXÉCUTION DES TRAVAUX DE DRAINAGE.

73 (bis). *Quelle est la succession des travaux a exécuter sur un terrain que l'on veut drainer ?*

La voici :

1° Sonder le terrain pour en connaître la nature des couches et la manière dont les eaux suintent à travers ;

2° Lever le plan du terrain et en faire le nivellement, pour se renseigner sur la direction à donner aux drains ;

3° Déterminer les lignes de drains avec des jalons.

3° Amener les tuyaux à l'endroit ou ils doivent être employés ;

5° Creuser les tranchées et les unir parfaitement au fond ;

6° Poser les tuyaux sur un terrain ferme ;

7° Combler les tranchées et entasser la terre jusqu'à 0m,30 environ au-dessus des tuyaux :

7° Niveler les tranchées ;

DÉPENSES DU DRAINAGE.

74. *Quelles sont les dépenses qu'entraîne le drainage par hectare ?*

Elles varient avec la nature du sol, le prix de la main-d'œuvre, celui des tuyaux, la profondeur et l'espacement des drains. En moyenne, la dépense par hectare est de 150 à 500 francs.

AVANTAGES DU DRAINAGE.

75. *A quoi reconnaît-on les terres qu'il convient de drainer ?*

On reconnaît qu'une terre a besoin d'être drainée lorsque les plantes nuisibles la rongent, lorsque l'humidité se montre sur certains points et que l'eau séjourne à sa surface après des pluies abondantes ; lorsqu'elle se crevasse dans les grandes sécheresses et qu'elle donne de mauvaises récoltes dans les années pluvieuses.

TERRES AUXQUELLES IL CONVIENT D'APPLIQUER LE DRAINAGE.

76. *Quelles sont, en général, les terres qu'il convient de drainer ?*

Ce sont les terres marécageuses, les terres fortes, argileuses et compactes, et celles dont le sous-sol est imperméable.

77. *Quels sont les avantages que l'on retire du drainage?*

En faisant disparaître la stagnation des eaux et l'excès d'humidité des terres auxquelles on l'applique, le drainage procure de grands avantages.

1° Les mauvaises plantes périssent et font place aux bonnes.

2° Les labours sont plus faciles, moins nombreux, conséquemment moins coûteux, et ils peuvent être donnés par tous les temps ;

3° La jachère peut être supprimée, et le sol produit une plus grande variété de plantes ;

4° Les grandes sécheresses ne crevassent plus la terre et ne font plus souffrir les racines des végétaux ;

5° Les engrais se décomposent facilement, s'assimilent bien à la terre et produisent un effet immédiat ;

6° Les récoltes sont plus abondantes, et elles arrivent plus tôt à maturité ;

7° Les produits sont plus succulents et plus nutritifs.

CHAPITRE IV

LES AMENDEMENTS.

Nous avons parlé des différentes sortes de sols et des qualités qu'ils doivent avoir pour être fertiles ; mais ces qualités, ce n'est que par exception qu'un sol les possède toutes ; c'est à l'homme à les lui procurer.

78. *Pour cela à quoi a-t-on recours ?*

On a recours aux *amendemens* et aux engrais.

79. *Qu'appelle-t-on amendements ?*

On appelle *amendements* les substances qui servent à corriger les défauts naturels du sol, par exemple, à le rendre meuble s'il est trop compacte ou à le rendre plus tenace s'il est trop meuble.

80. *Quels sont les principaux amendements ?*

Ce sont l'*argile*, le *sable* et la *marne* qu'on appelle *amendements modifiants*, parce qu'ils changent la nature du sol ; la *chaux*, le *plâtre*, les *cendres*, les *sels marins*, etc., qu'on nomme *amendements assimilables*, parce qu'ils ont spécialement pour but d'activer la végétation des plantes sans changer notablement la nature du sol.

Les amendements modifiants.

Avant d'entreprendre des améliorations de ce genre, le cultivateur doit bien calculer les frais qu'elles doivent occasionner.

Les transports de terre sont en effet très-dispendieux. C'est surtout par les labours profonds que l'on peut espérer améliorer un sol argileux, si le sous-sol est sablonneux, et un sol sablonneux, si le sous-sol est argileux.

Lorsque nous avons étudié les sols, nous avons dit que l'on corrige la ténacité des terres argileuses en y mélangeant du sable, et que c'est avec de l'argile que l'on donne aux terres sablonneuses plus de lien, de consistance, et qu'on leur fait conserver l'humidité dont elles ont besoin; mais nous n'avons par parlé de la *marne,* qui est aussi un *amendement modifiant.*

81. *Qu'est-ce donc que la marne ?*

La *marne* est un mélange naturel de carbonate de chaux, d'argile et de sable.

82. *Quelles sont les principales espèces de marne?*

Ce sont : 1º *la marne calcaire,* qui contient beaucoup de carbonate de chaux, et qui, par conséquent, est la plus riche ;

2º La *marne sablonneuse,* qui contient beaucoup de sable, peu d'argile et de calcaire ;

3º La *marne argileuse,* dans laquelle l'argile domine.

Il serait bien important que tout cultivateur sût

distinguer ces sortes de marnes, qui ne conviennent pas indistinctement à tous les terrains susceptibles d'être marnés.

La meilleure est celle qui se délite, se pulvérise facilement, parce qu'elle contient le plus de calcaire. Les parties qui ne se réduisent pas en poussière, sont ou du sable ou de l'argile.

83. *Quels sont les effets de la marne ?*

La marne agit mécaniquement sur les terrains en rendant les sols compactes, plus légers et réciproquement. Elle exerce aussi une action chimique qui se traduit par des changements dans la végétation. Ainsi sur les terres argileuses ou siliceuses marnées on voit disparaître le chiendent, la persicaire, l'oseille sauvage etc.; qui sont remplacées par la luzerne lupuline, le trèfle jaune et autres plantes.

84. *A quels sols convient-elle ?*

Elle convient à tous les sols non calcaires ; mais la marne argileuse convient spécialement aux terres légères, la marne sablonneuse aux terres argileuses.

85. *A quelle époque et comment se fait le marnage?*

Le marnage se fait généralement à la veille de l'hiver. On conduit la marne sur le sol, et on la dispose par tas égaux et également espacés ; lorsque l'air et les gelées ont réduit la marne en poussière, on l'étend avec une pelle ou avec la herse, et on laboure ensuite peu profondément.

Avant de marner, il importe que le sol soit assaini.

La marne appliquée à une trop forte dose dans un terrain qui n'a pas encore été marné, fait produire immédiatement des récoltes abondantes, ce

qui justifierait ce vieux proverbe : *La marne enri-
chit les pères et ruine les enfants.* » Mais elle enri-
chit les uns et les autres lorsque des engrais sont
ajoutés au marnage.

Les amendements assimilables.

CHAUX

86. *Qu'est-ce que la chaux ?*

La chaux est un corp blanc, très-avide d'eau,
qui forme la base d'un grand nombre de pierres.
Elle ne se trouve pas isolée dans la nature et elle
ne s'obtient que par la calcination d'un carbonate,
d'un sulfate, d'un phosphate de chaux. Si l'on verse
de l'eau sur la chaux on entend un bruit semblable
à celui d'un fer rouge plongé dans l'eau ; il se déga·
à ce moment de la chaleur et la chaux vive devien
de la chaux éteinte.

87. *Quelles sont les différentes sortes de chaux qu'on emploie en agriculture ?*

La *chaux grasse* ou *chaux pure*, ainsi appelée
parce qu'elle contient peu de matières étrangères :
elle possède une grande action fertilisante.

Et la *chaux maigre* ou *siliceuse*, plus chaude que
la seconde et moins fécondante que la première.

88. *A quels sols convient-il de donner de la chaux ?*

A ceux qui ne contiennent pas le principe calcaire
c'est-à-dire aux sols argileux, sablonneux, frais,
tourbeux et ferrugineux et aussi aux sols envahis
par certaines plantes, telles que le chiendent, la
fougère, les bruyères, l'avoine à chapelet, l'ajonc
marin, la petite oseille, les joncs, etc.

89. *Quels effets la chaux produit-elle sur ces sols ?*

La chaux diminue la ténacité des terres argileuses ; elle rend plus compactes les terres légères; elle favorise la décomposition de l'humus, de certains principes fécondants enfouis dans le sol et des engrais dont les plantes s'emparent immédiatement et avec abondance ; elle détruit les germes des insectes et les semences des mauvaises herbes, et quelquefois elle préserve les plantes de certaines maladies, comme la rouille, le charbon, etc. La chaux a, en outre, l'avantage de faire produire des grains ayant du poids et contenant beaucoup de farine et peu de son.

90. *Pourquoi ne doit-on pas chauler les terres calcaires ?*

Parce que les terres calcaires contiennent de la chaux en quantité souvent plus que suffisante, et que leur en donner encore serait augmenter le défaut qu'elles ont déjà et les rendre improductives.

91. *A quel sol chaque espèce de chaux convient-elle plus spécialement ?*

La chaux grasse convient bien à tous les sols susceptibles d'être chaulés, mais particulièremen à ceux qui sont chargés d'humus ; et la chaux maigre ou sablonneuse convient aux sols argileux.

92. *L'emploi de la chaux dans une terre dispense-t-il de la fumer ?*

Evidemment non ; car la chaux décomposant vivement les principes fécondants dont les plantes se nourrissent, la terre chaulée, après plusieurs récoltes successives, serait absolument épuisée.

Cependant, si cette terre était une lande, un pré ou un bois défriché, qui contînt des détritus à décomposer et des acides à neutraliser, l'engrais ne deviendrait absolument nécessaire qu'après quelques récoltes. Il ne faut chauler une vieille terre que tous les quatre ou six ans, et qu'autant qu'on lui aura donné de l'engrais-fumier entre deux chaulages.

Ainsi, en principe, il faut que la terre que l'on veut chauler contienne déjà des engrais.

93. *Comment s'opère le chaulage ?*

On conduit la chaux sur le sol; on la dispose en petits tas que l'on recouvre d'une couche de terre ; on les laisse dans cet état jusqu'à ce que la chaux soit éteinte et réduite en poussière. Alors on l'épand uniformément sur le terrain, puis on donne un labour peu profond.

Il faut aussi avoir soin de remuer les petits tas, puis de les reformer deux ou trois fois avant de les épandre. Le sol sur lequel on fait le chaulage doit être en bon état de culture et avoir été préalablement desséché.

Voici comment on procède dans l'ouest de la France.

On mêle la chaux à de la bonne terre, des gazons, des curures de mares, de fossés, à des substances végétales, etc. On fait une espèce de compost soit à la ferme, soit dans le champ que l'on veut chauler. On donne au compost la forme des tas de pierres que l'on voit sur les routes. On introduit la chaux dans l'intérieur du compost, et on le recouvre parfaitement. Quatre ou cinq jours après, on remue le tas pour mélanger la chaux et la terre, puis on le reforme. Au bout de quelques jours on le recoupe, et, après avoir bouché toutes les cre-

vasses, on le laisse dans cet état jusqu'à ce qu'on
le conduise dans la terre.

Toutes ces opérations doivent être faites par un
beau temps.

Il y a danger de chauler en semant. La chaux,
qui décompose les graines, désorganiserait également la semence et ferait manquer la récolte.

LE PLATRE.

94. *Comment emploie-t on le plâtre ?*

On l'emploie cru ou cuit, mais réduit en poussière ; on le répand sur les plantes quand elles
commencent à pousser ; pour faire cette opération,
on choisit une matinée fraîche et un temps calme.

95. *A quelles plantes convient le plâtre ?*

Il convient particulièrement à la luzerne, au
sainfoin, au trèfle, à la lupuline, au colza, à la navette, au chou, et même au chanvre et au lin.

96. *Le plâtre produit-il de bons effets sur tous les sols ?*

Il ne produit aucun effet sur les terrains humides ; mais il est très-utilement employé sur les
sols secs et chauds.

97. *Quelle quantité emploie-t-on par hectare ?*

Environ 250 à 350 kilogrammes.

LES CENDRES.

98. *Quelles sont les cendres qu'on emploie en agriculture ?*

Ce sont principalement les cendres de bois, les
cendres lessivées et les cendres de tourbe. Les premières sont préférées.

99. *A quels sols et à quelles plantes conviennent-elles ?*

Les cendres de bois lessivées conviennent aux sols argileux et froids. Elles produisent un bon effet sur les légumineuses, le trèfle surtout, et les prairies artificielles un peu humides, sur le sarrasin et les navets.

Les cendres de tourbe sont favorables aux légumineuses, aux prairies naturelles ni trop sèches ni trop humides, aux navets, à la navette.

Contenant tous les principes minéraux des plantes dont elles proviennent, les cendres doivent produire de bons effets sur certains sols et sur certains végétaux. Elles agissent surtout par les principes calcaires et par les autres sels solubles qu'elles renferment. Comme la chaux et la marne, elles sont épuisantes appliquées à hautes doses ; elles doivent être précédées ou suivies de bonnes fumures.

La *suie* des fours et cheminées est aussi un agent végétatif puissant.

100. *Comment emploie-t-on les cendres ?*

On les dépose sur le sol par petits tas, puis on les répand et on les enterre par un labour superficiel ou un hersage ; ou bien on les sème à la volée, comme le plâtre sur les prairies.

FALUNS. — TANGUE. — COQUILLAGES. — MERL.

Ces engrais ne peuvent être employés que par les habitants voisins des mers.

Les *faluns* sont des dépôts marins renfermant beaucoup de coquilles brisées et des sables calcaires très-fins, mêlés à une faible quantité d'argile. Ils

conviennent aux sols argilo–siliceux, frais, dépour-
vus de calcaire.

La *tangue* ou *trez* est un sable marin très–fin,
blanc ou gris, composé de calcaire, de sable, de
sel marin et de matières organiques. Elle est re-
jetée par les marées sur les côtes de l'Océan et de
la Manche. On la laisse à l'air pendant quelque
temps avant de l'employer. La tangue agit par les
parties calcaires et organiques qu'elle contient. Elle
convient aux sols argileux, compactes ; elle produit
d'excellents effets sur les légumineuses et les céréales. Mais, pour conserver à la terre toute sa ri-
chesse, il faut la fumer.

Les *coquillages* d'*huîtres* et de *moules* que l'on
trouve sur les bords de la mer, et qui contiennent
beaucoup de carbonate de chaux, sont avantageusement employés dans les sols argileux, compactes
et humides.

Le *merl*, gros sable composé de coquillages et
de débris marins, qui se trouve sur les côtes de
Bretagne, convient également aux terres argileuses.
Le froment, les légumineuses, s'en trouvent bien.
Employé sans mélange, le merl agit trop fortement
et peut brûler les récoltes.

CHAPITRE V

LES ENGRAIS.

101. *Qu'appelle-t-on engrais ?*

On appelle *engrais* les substances provenant des débris de végétaux ou d'animaux qui, par leur décomposition, rendent au sol les propriétés fertilisantes que les récoltes lui enlèvent.

Ainsi les engrais servent de nourriture aux plantes ; mais, pour que la décomposition s'opère avantageusement,

102. *Que faut-il ?*

Il faut trois choses principales : de l'*air*, de la *chaleur*, de l'*humidité*.

103. *Comment divise-t-on les engrais ?*

En *engrais végétaux*, *engrais animaux* et *engrais mixtes* ou *composés*.

LES ENGRAIS VÉGÉTAUX.

104. *Qu'est-ce que les engrais végétaux ?*

Les *engrais végétaux* sont les plantes semées pour être enfouies avant qu'elles soient parvenues à leur maturité.

La plante, jusqu'à sa floraison, contient dans toutes ses parties des principes nutritifs qu'elle a

puisés dans le sol et dans l'air ; mais, en se formant,
la graine s'empare de tous ces principes. Il importe
donc de semer les végétaux destinés à l'engrais à
une époque telle qu'au moment de leur enfouisse-
ment, il aient atteint toute leur croissance, et que
la graine ne soit pas formée.

105. *Quelles sont les plantes qui conviennent le mieux
pour engrais ?*

Ce sont, pour un climat humide : le sarrasin, la
navette, le colza, le trèfle ; pour un climat sec et
chaud : le lupin, les vesces, les pois, les fèves.

106. *L'action des engrais verts dure-t-elle longtemps ?*

L'action des engrais verts ne dure guère plus
d'un an. Aussi est-il nécessaire de faire suivre un
engrais vert par une fumure de bon engrais mixte.

Toute plante destinée à être enfouie doit être
semée épais, afin qu'elle donne beaucoup de
feuilles.

107. *N'emploie-t-on pas aussi, pour engrais, des résidus
de végétaux ?*

On emploie les marcs de raisin, de pommes, de
poires, les tourteaux ou pains d'huile, les pulpes de
betteraves, etc. Il faut, avant de s'en servir, qu'on
les ait mis fermenter dans des fosses. Cependant
les tourteaux peuvent être répandus sur le sol après
avoir été pulvérisés et imbibés de purin. Ce sont
des engrais très-actifs.

Sur les rivages de la mer, on recueille des plantes
marines dont la puissance végétative est très-
grande. Ce sont les *goémons* ou *varechs*, qui
poussent sur les rochers et que les flots rejettent
sur les côtes. On les emploie comme engrais vert
ou, mieux, on en fait des composts avec du fumier,

de la terre, des coquillages, etc. Ils conviennent spécialement aux céréales, au lin, aux choux. Ils nuisent au trèfle et aux prairies naturelles.

En général, toutes les plantes et parties de plantes qui peuvent se décomposer par la fermentation, doivent être utilisées comme engrais.

LES ENGRAIS ANIMAUX.

108. *Qu'appelle-t-on engrais animaux ?*

Ce sont les déjections animales pures et les débris des animaux.

109. *Quels sont les engrais provenant des déjections animales ?*

Les principaux sont : l'*engrais humain,* la *colombine,* le *parc* et le *purin.*

110. *Qu'est-ce que l'engrais humain ?*

L'engrais humain, ou excrément humain, est le plus actif de tous les engrais. Quelquefois on le dépose, mêlé à l'urine et un peu d'eau, dans une fosse où il devient liquide ; alors on le répand sur les plantes en forme d'arrosage. Souvent on convertit l'engrais humain en poudrette en le faisant sécher.

L'engrais humain et l'urine sont au nombre des engrais les plus actifs, et peut-être ceux que les cultivateurs recueillent avec le moins de soin. Dans toute habitation, il devrait y avoir une fosse propre à les recevoir, Dans les maisons d'école et de la campagne, les lieux d'aisances devraient être construits de telle sorte qu'ils pussent être vidés souvent et à peu de frais. L'instituteur y trouverait assez d'engrais pour fumer son terrain, et il montrerait aux cultivateurs l'emploi fructueux que l'on peut faire de l'engrais humain.

Pour en rendre la manipulation moins désagréable, on le désinfecte. A cet effet, on prend de la couperose verte (sulfate de fer : se trouve chez les pharmaciens), que l'on délaye dans de l'eau : 500 grammes délayés dans un litre suffisent pour désinfecter 20 litres d'engrais humains solides et liquides.

On peut aussi se servir de plâtre et de charbon : 25 kilogrammes de plâtre en poudre et 5 kilogrammes de poussière de charbon désinfectent très-bien 1,000 kilogrammes de déjections humaines.

L'*urine*, étendue d'eau, produit un effet prodigieux, répandue sous forme d'arrosage sur les prairies artificielles et naturelles et sur les légumineuses. Elle ne convient guère aux céréales ; elle les ferait verser.

La *poudrette* que l'on vend dans les grandes villes, est censée être faite avec de la matière fécale pure, transportée loin des habitations, séchée, remuée et convertie en poussière. Mais le plus souvent c'est un mélange de cette matière avec une terre noire qui est loin d'en avoir les propriétés végétatives. En achetant, il est prudent de se faire délivrer une facture énonçant les noms et la quantité des parties constitutives de l'engrais. On fait vérifier par un chimiste, un pharmacien ou le vérificateur chargé par le Gouvernement de faire l'analyse des engrais commerciaux. Le meilleur des engrais de cette nature est celui qui contient la plus grande somme d'*azote* et de *phosphate* de *chaux*.

111. *Qu'est-ce que la colombine ?*

La *colombine* n'est autre chose que les déjections des pigeons. On la répand à la volée sur les plantes, sans l'enterrer; ou bien on la sème sur la terre labourée et l'on donne un coup de herse.

La *poulette* ou déjections des volailles est souvent désignée sous le nom de *colombine*.

On l'emploie d'ailleurs de la même manière ; elle agit activement. En général, les poulaillers sont mal tenus. Si l'on se persuadait bien que 1 kilogramme de poulette vaut mieux que 20 kilogrammes de fumier, on s'attacherait davantage à élever de belles volailles, qui, fournissant à l'alimentation humaine une part considérable, entrent pour une portion notable dans le revenu d'une exploitation bien dirigée.

112. *Qu'appelle-t-on guano ?*

On appelle *guano* les excréments des oiseaux de mer qu'on trouve dans certaines îles. Le *guano* convient aux céréales, aux prairies naturelles, aux récoltes herbacées, aux plantes-racines. On le sème à la volée, après le labour, puis on donne un fort coup de herse. Souvent on l'applique sur les plantes mêmes, au printemps ; 300 kilogrammes de bon guano suffisent pour fumer un hectare. Les prairies en exigent moins.

Le *guano* agit par l'azote et les phosphates qu'il contient, et dont les feuilles et les graines ont besoin. L'action de cet engrais est prompte, mais l'effet ne se produit guère au delà d'une année. Il ne donne pas d'humus à la terre ; il favorise la décomposition de celui qu'elle contient. Il doit être suivi d'une fumure de fumier d'étable.

3.

113. *Qu'est-ce que l'engrais provenant du parc ?*

Cet engrais provient des excréments que les bêtes à laine déposent sur le sol où elles séjournent pendant quelque temps, surtout la nuit, enfermées dans une enceinte de palissades mobiles. Avant de faire parquer une terre, il faut la mettre en façon.

On doit se garder de faire parquer les terres trop humides : — 1° parce que la surface se tasserait et durcirait outre mesure ; 2° parce que les bêtes à laine y seraient exposées à certaines maladies, entre autres au piétin.

114. *Qu'est-ce que le purin?*

Le purin est un engrais liquide formé des urines des bestiaux recueillies dans une fosse. C'est un excellent engrais. On le répand sur les plantes, étendu d'eau, en forme d'arrosage. Il convient surtout aux prairies.

115. *Quels sont les engrais provenant des débris d'animaux?*

Ce sont la *chair*, le *sang*, les *poils*, les *cornes*, les *sabots*, les *os* des animaux morts.

Le *sang* et la *chair* des animaux morts sont de puissants engrais dont les cultivateurs tiennent cependant peu de compte. Mélangés avec de la terre, de la chaux ou de la marne, ils forment un excellent compost.

Les *os* sont fort recherchés dans l'ouest de la France, non-seulement pour les raffineries de sucre, mais pour être utilisés directement comme engrais. Dans ce dernier cas, on les réduit en poussière, on les met dans des vases de terre ; on verse dessus de l'acide sulfurique étendu de trois fois son poids d'eau : on remue le tout. Quatre ou cinq jours après, on jette un litre de cette pâte dans 30 à 40 litres d'eau, et l'on a un engrais liquide fort actif.

En Bretagne, on fabrique dans de grands établissements un *engrais-poisson* assez riche en azote et en phosphate. Il est formé des débris des poissons que l'on pêche dans l'Océan.

Là aussi le *noir animal* est beaucoup employé. On sait que les *os calcinés* en vases clos (pour enlever leur partie gélatineuse, et ne leur laisser que la partie minérale), broyés et réduits en poussière fine, ont la faculté de décolorer les liquides. On les emploie dans les raffineries pour donner au sucre sa couleur blanche. La poussière d'os ou *noir* retient toute la *crasse* du liquide sucré, préalablement clarifié avec du sang de bœuf ou du blanc d'œuf. Lorsque le *noir* sort des raffineries, il contient deux principes fertilisants, savoir : l'azote, provenant du sang et du blanc d'œuf ; et le *phosphate de chaux*, partie intégrante des os. Le noir animal qui offrira le plus de ces deux substances sera le plus riche.

Les plantes auxquelles le noir animal est bon sont le blé noir, les navets, les choux, le colza, la navette, le trèfle blanc. Il ne doit pas être donné aux sols calcaires ni à ceux qui auraient été récemment chaulés. En faire usage plusieurs fois de suite sur une même terre, ce serait l'épuiser.

Enfin, les *chiffons de laine* sont un engrais riche en azote. Employés humides, à moitié pourris dans du purin et mélangés au fumier de ferme, ils forment un assez bon engrais.

LES ENGRAIS MIXTES OU COMPOSÉS.

116. *Qu'appelle-t-on engrais mixtes ou composés ?*

Des engrais formés par le mélange de certaines matières végétales, telles que les pailles, la bruyère, les feuilles d'arbres, etc., avec les déjections animales. On les désigne dans la pratique sous le nom général de fumier.

LES FUMIERS.

117. *Combien y a-t-il de sortes de fumiers ?*

Il y a autant de sortes de fumiers qu'il y a d'espèces d'animaux.

Ainsi on a le fumier de cheval, d'âne, de mulet, ou d'écurie ; le fumier de bœuf, de vache, ou d'étable ; le fumier de mouton, ou de bergerie ; le fumier de porc, etc.

118. *Quel nom donne-t-on encore aux fumiers ?*

Les fumiers qui fermentent facilement en développant beaucoup de chaleur se nomment *fumiers chauds ;* ceux qui se décomposent lentement et dont les déjections contiennent beaucoup de matières aqueuses, s'appellent *fumiers froids*. On donne le nom de *fumiers longs et pailleux* ou *frais* à ceux dont la matière est peu décomposée. On appelle *fumiers courts* et *gras*, ceux qui se coupent à la bêche, et que l'on nomme aussi *fumiers-gazon*.

119. *Par quels animaux sont produites ces sortes de fumiers ?*

Les fumiers chauds sont produits par l'espèce chevaline et les oiseaux de basse-cour, qui ne consomment guère que des fourrages secs et des graines. L'espèce bovine produit les fumiers froids, parce que les déjections des bœufs et des vaches, qu'on nourrit de fourrages verts et de racines, contiennent beaucoup d'eau. Le fumier de mouton tient le milieu entre ces deux espèces.

120. *A quels terrains conviennent ces différentes sortes de fumiers ?*

Les fumiers chauds et les fumiers longs, pailleux et frais, c'est-à-dire non encore décomposés, conviennent aux terres froides, argileuses et compactes, qu'ils allègent, divisent et échauffent.

Les fumiers froids, courts et gras, doivent être appliqués aux terres sablonneuses et légères, sèches et brûlantes.

120 (bis). *Pourquoi l'action des fumiers chauds est-elle d'une durée moindre que celle des fumiers froids ?*

Parce qu'ils se décomposent plus vivement que les autres.

Tous les fumiers sont généralement employés mélangés, à l'exception du fumier de cheval, lorsqu'on s'en sert pour les couches des jardins.

TRAITEMENT DES FUMIERS.

Il importe beaucoup que le cultivateur sache soigner ses fumiers et les employer à propos.

121. *Quels sont les principaux soins à donner aux fumiers ?*

Il est nécessaire que, dans les étables, la litière soit en proportion des déjections des animaux ; que le tas de fumier soit placé dans la cour à proxi-

mité des écuries ; qu'il soit d'un accès facile aux
voitures; qu'il ne soit pas exposé à la sécheresse ;
que l'emplacement sur lequel il repose soit enduit
d'argile, afin que le jus du fumier ne se perde pas
dans le sol ; que ce jus soit reçu dans une fosse
voisine et employé pour arroser le fumier ; que
l'arrosage ait lieu toutes les fois que le fumier est
en fermentation, afin d'éviter qu'il moisisse ; que
le tas soit recouvert d'une couche de terre pour
empêcher les vapeurs de s'en échapper.

EMPLOI DES FUMIERS.

122. *De quoi doit-on tenir compte dans l'emploi des fumiers ?*

On doit tenir compte de la nature du sol, des
plantes auxquelles on les destine et de la saison.

123. *Dans quelles conditions doivent être les fumiers par rapport aux sols auxquels on veut les appliquer ?*

Appliqué aux sols légers, secs, le fumier doit être
consommé et enterré avec la semence ou peu de
temps avant la semaille. On conseille le fumier long
et chaud pour les terres fortes et froides.

124. *Dans quelles conditions doivent être les fumiers par rapport aux plantes auxquelles on les destine ?*

On doit donner le fumier consommé aux plantes
de printemps dont la végétation est rapide et abondante : au lin, au chanvre, aux choux, à toutes les
plantes-racines en général. Pour les plantes d'hiver, le fumier peut être plus frais.

125. *Quelle est l'époque du transport des fumiers dans les champs ?*

Lorsqu'on a l'habitude de laisser les fumiers sous

les pieds des animaux pendant plusieurs jours, il y a avantage à les transporter dans les champs en les sortant des écuries, parce qu'on évite une perte sensible qu'ils subissent en restant longtemps en tas. Alors on les applique quelque temps avant la la semaille sur les terres qui ne sont pas emblavées. On est obligé d'attendre, pour fumer les autres, que la récolte soit enlevée.

Dans tous les cas, on doit transporter dans les champs les fumiers en tas dès qu'ils ont fermenté, que la paille est rouge et vermeille.

126. *Doit-on laisser longtemps les fumiers dans les champs sans les étendre et les enterrer?*

On les épand aussitôt qu'ils sont transportés, et on les enterre par un labour peu profond. C'est une funeste habitude que celle qu'ont certains cultivateurs de laisser leurs fumiers exposés longtemps à la pluie et au soleil ; ils perdent de leurs propriétés fertilisantes, qui passent presque entièrement dans les seuls endroits où sont les *fumerons*.

127. *Ne peut-on étendre du fumier sur les terres ensemencées?*

Quelquefois on épand le fumier pendant l'hiver sur les terres ensemencées : c'est une bonne chose pour les terres légères, à surface plane et sous un climat tempéré. On n'agit pas autrement lorsqu'on fume des prairies artificielles.

LES COMPOSTS.

128. *Qu'appelle-t-on composts?*

On nomme *composts* des engrais formés par la décomposition d'un mélange de tout ce qui est susceptible d'être converti en engrais, comme les mauvaises herbes, les gazons, les bruyères, les feuillages, les excréments, les terres boueuses, bourbeuses, la chaux, la marne, les cendres, etc...

Quelquefois les cultivateurs qui manquent de litière, déposent dans les étables une couche de marne ou de bonne terre fine, et la laissent s'imprégner des déjections des animaux. Puis, au fur et à mesure que la couche de terre se pénètre d'excréments et d'urine, ils la font transporter dans les champs.

129. *Comment fait-on un compost?*

On met un lit de terre, un lit de végétaux, un lit de boue, ainsi de suite ; on arrose souvent le tout, autant que possible avec du jus de fumier ; on le laisse fermenter jusqu'à ce qu'il forme une pâte liante.

130. *Que faut-il observer dans la formation du compost?*

Il faut observer les principes donnés pour les amendements. Lorsque le compost est destiné à un sol calcaire, sablonneux, léger, on emploie l'argile, la boue des villes ; au contraire, on fait entrer dans le compost des terres sablonneuses et calcaires, s'il doit être appliqué à un sol argileux et compacte.

Le cultivateur n'a jamais trop d'engrais ; aussi ne doit-il pas négliger de faire des composts : c'est un moyen pour utiliser toutes les mauvaises herbes des champs, au lieu de les laisser porter graine sur le sol. — Les cendres, la suie, les boues des chemins, sont aussi des engrais qu'on doit utiliser.

CHAPITRE VI

LES INSTRUMENTS ARATOIRES

131. *Quels sont les principaux instruments employés à la culture du sol ?*

Ce sont : la *charrue*, la *herse*, le *rouleau*, le *scarificateur*, l'*extirpateur*, la *houe à cheval*, le *buttoir* et le *semoir*. Tous ces instruments exigent à la fois le concours de l'homme et des animaux ; il y en a d'autres qui sont spécialement employés par l'homme ; ce sont la *bêche*, la *pioche*, le *râteau*, etc.

LA CHARRUE.

132. *De quelles pièces se compose la charrue ?*

Il y a plusieurs sortes de charrues.

En général, une charrue comprend: 1° le *coutre*, 2° le *soc*, 3° le *sep*, 4° le *versoir*, 5° l'*age, haie* ou *flèche*, 6° les *étançons*, 7° les *manches* ou *mancherons*, 8° le *régulateur*, 9° l'*avant-train*.

133. *Qu'est-ce que le coutre ?*

Le *coutre* est une espèce de couteau fixé à l'age et dont la pointe vient aboutir en avant du soc ; il sert à couper la bande de terre que renverse le versoir.

134. *Qu'est-ce que le soc ?*

Le *soc* est cette partie de la charrue qui coupe

la terre horizontalement, la soulève et permet au versoir de la renverser. La pointe et le tranchant sont en acier.

135. *Qu'est-ce que le sep ?*

Le *sep* est la base de la charrue; il est emmanché dans le soc ; quelquefois il ne forme qu'une seule pièce avec lui : alors il est en fer ou en fonte.

136. *Qu'est-ce que le versoir ?*

Le *versoir* est cette partie de la charrue qui renverse la bande de terre coupée par le coutre et le soc. Il est en fer forgé, en fer battu ou en fonte. Il doit être construit de telle sorte qu'il laisse promptement glisser la terre.

137. *Qu'est-ce que l'age ?*

L'*age*, *haie* ou *flèche* est cette longue pièce de bois qui transmet à la charrue le mouvement imprimé par les animaux.

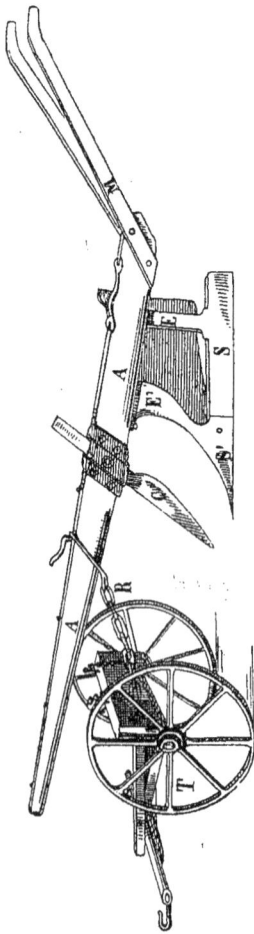

FIG. 1.

138. *Qu'est ce que les étançons ?*

Les *étançons* sont des boulons qui fixent le sep à l'age.

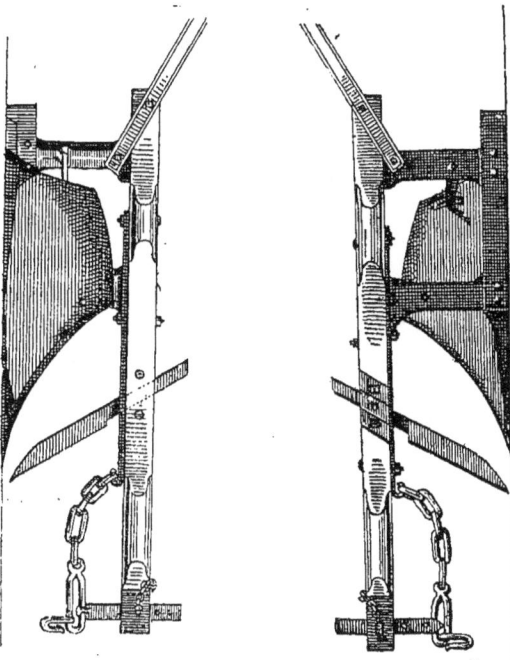

Fig. 2.

139. *A quoi servent les mancherons ?*

Les *mancherons* servent à diriger la charrue.

140. *Qu'est-ce que le régulateur ?*

Le *régulateur* est une chaîne ou une tige de fer qui sert à régler le degré d'entrure de la charrue dans le sol.

141. *Qu'est-ce que l'avant-train ?*

L'*avant-train* est cette partie de la charrue sur laquelle s'appuie l'age et à laquelle sont attelés les animaux.

142. *Est-ce que toutes les charrues ont un avant-train ?*

Non. La charrue qui ne possède pas d'avant-train se nomme *araire*.

143. *Quels avantages présente la charrue à avant-train ?*

La charrue à avant-train est plus facile à diriger que l'araire ; elle peut être employée dans tous les sols, tandis que l'araire ne peut pas servir dans les sols rocailleux, ni dans ceux qui n'ont qu'une couche de terre superficielle ; mais l'araire est plus légère et moins chère ; elle fait mieux les labours profonds, et permet de labourer plus près des haies, des murs et des arbres.

Voyez. *Charrue à avant-train (fig. 1). Araire (fig. 2).*

LE LABOUR.

144. *Quel est l'instrument le plus utile en agriculture ?*

C'est la charrue. Par elle on débarrasse la terre des racines et des plantes nuisibles ; on la met en contact avec l'air, la chaleur et l'humidité, agents indispensables à la végétation.

145. *Combien distingue-t-on de sortes de labour ?*

Trois sortes : le *labour à plat*, le *labour en planches* et le *labour en billons ou ados*.

146. *Quand le labour est-il à plat ?*

Le labour est à plat lorsque le terrain labouré présente une surface unie, sans billons ni planches.

147. *Quand le labour est-il en planches ?*

Le labour est en planches lorsqu'à des distances égales de 2 mèt. 50 et au-dessus, on trace une raie ou rigole en rejetant la terre d'un côté et de l'autre.

148. *Quand le labour est-il en billons ?*

Le labour est en billon lorsqu'on accumule la terre en ados : chaque billon se compose d'environ quatre à huit traits de charrue.

149. *Quels sont les avantages et les inconvénients du labour à plat ?*

Dans le labour à plat, la terre végétale, les engrais et les semences sont également répartis. Les hersages sont faciles dans tous les sens, et les opérations du fauchage peuvent être faites avantageusement. Mais ce labour occasionne de grandes pertes de temps au laboureur ; de plus il ne peut être en usage dans les terrains où la couche arable est peu épaisse.

150. *Quels sont les avantages et les inconvénients du labour en planches ?*

Le labour en planches réunit tous les avantages du labour à plat ; et les raies ou rigoles qui séparent les planches facilitent l'écoulement des eaux et assainissent le sol, surtout dans les terres argileuses. C'est celui que l'on doit préférer.

151. *Quand fait-on usage du labour en billons ?*

On ne fait usage du labour en billons que dans les sols où la terre végétale a peu d'épaisseur, afin de l'accumuler sur une partie de la surface du champ. Les plantes trouvent une couche plus profonde. Mais, avec les billons, les labours croisés sont impossibles, les hersages et les fauchages difficiles ; l'eau glisse de l'ados dans les raies, y séjourne souvent pendant l'hiver et pourrit la racine des plantes.

152. *Les labours doivent-ils avoir la même profondeur dans tous les sols ?*

Évidemment non. Les labours doivent être plus profonds sur les terres compactes que sur les terres légères, sur celles dont le sous-sol est bon que sur celles où il est mauvais.

153. *Dans une même terre, les labours ont-ils une même profondeur ?*

La profondeur des labours varie suivant la nature des plantes. Les labours seront plus profonds pour les plantes à racines pivotantes, telles que les betteraves, les carottes, que pour les céréales.

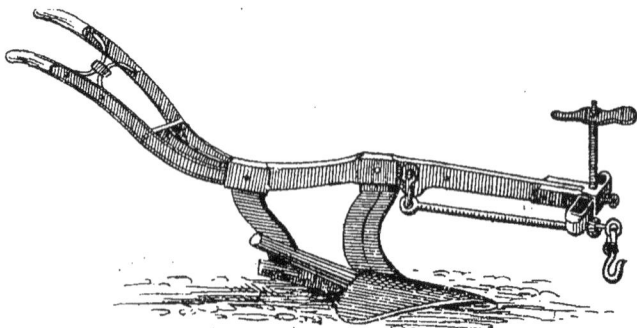

FIG. 3.

En général, les racines des plantes doivent toujours, quelles qu'elles soient, se développer dans une couche de terre remuée et ameublie.

154. *Les labours préparatoires à l'ensemencement d'une terre ont-ils tous la même profondeur ?*

Non : le premier doit être le plus profond, afin que les couches inférieures soient exposées à l'air, à la chaleur, à la lumière, et que les racines des mauvaises herbes soient complétement soulevées. Les autres le sont moins, surtout celui donné pour l'ensemencement, parce qu'il ne faut enfouir trop profondément ni la terre échauffée, ni les amendements, ni les engrais qui ont été répandus sur le sol.

155. *Quand un labour est-il profond ?*

Un labour est dit profond lorsque la charrue pénètre dans le sol de 25 à 33 centimètres ; il est superficiel quand elle ne s'y enfonce que de 10 à 12.

On peut défoncer le sous-sol sans le retourner, au moyen de la charrue sans oreille, appelée *charrue sous-sol, charrue fouilleuse*. (*Fig* 3.)

Plus les labours sont profonds, plus il faut donner d'engrais à la terre.

LA HERSE.

156. *Qu'est-ce que la herse ?*

La *herse* est un instrument dont on se sert pour ameublir le sol, pour le mélanger avec les engrais et les amendements, pour détruire les mauvaises herbes et enterrer la semence. *(Fig. 4.)*

Les hersages sont les compléments essentiels des labours pour ameublir la terre. Dans les labours à plat et par planches, on fait très-avantageusement des hersages croisés. Lorsque le terrain

n'est pas tenace, on peut mettre à côté les unes
des autres deux ou plusieurs bêtes de trait attelées

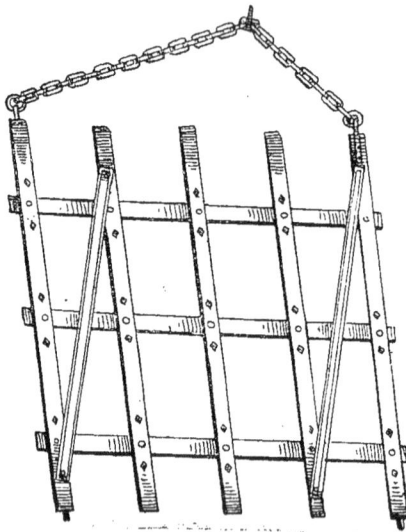

Fig. 4.

chacune à une herse ; une seule personne peut les
conduire.

LE ROULEAU.

157. *Quel est l'usage du rouleau ?*

Le *rouleau* est un cylindre en bois, quelquefois
en pierre, en fonte ou en fer. On l'emploie pour
écraser les mottes des terres fortes, pour donner
aux terres légères plus de consistance et leur faire
conserver la fraîcheur dont elles ont besoin ; pour

unir le sol avant et après la semaille de certaines
graines fines afin de faciliter l'action de la faux.

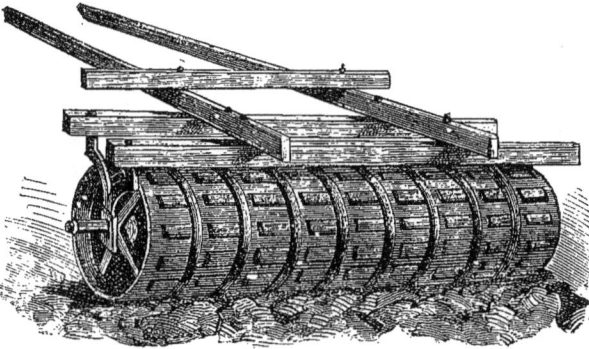

Fig 5.

On s'en sert aussi, après l'hiver, pour chausser le
pied des céréales qui, dans les terres légères, a été
soulevé par les gelées.

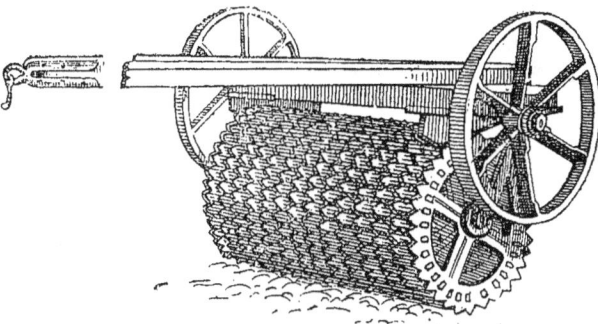

Fig. 6.

Il y a aussi des rouleaux à pointes et à dents de
fer ; ces instruments sont très-commodes pour

4

casser les mottes et ameublir le sol après les dé-
frichements. (Voyez *Rouleau ordinaire*, fig. 5 ;
Rouleau à dents, fig. 6.)

L'EXTIRPATEUR.

158. *Qu'est-ce qu'un extirpateur ?*

L'*extirpateur* est un instrument composé de plusieurs socs horizontaux, qui coupe entre deux
terres les plantes qu'il y rencontre, et qui remue
le sol sans le retourner. Les socs sont adaptés à

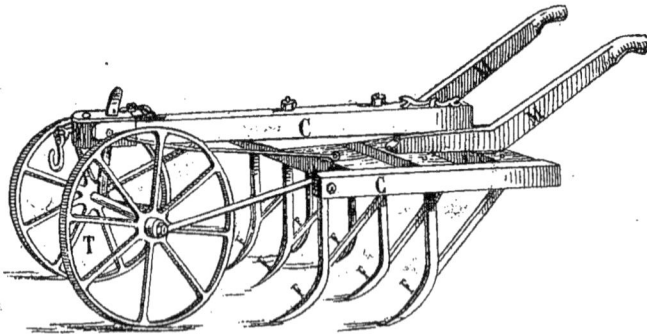

FIG. 7.

des traverses en bois, et sont placés de telle sorte
qu'il ne reste entre eux aucun espace qui ne soit
remué.

159. *Pour quoi se sert-on de l'extirpateur ?*

On s'en sert pour rechausser et ameublir le terrain, pour détruire les mauvaises herbes et enterrer la semence. (*Fig.* 7.)

LE SCARIFICATEUR.

159. (bis). *Qu'est-ce qu'un scarificateur ?*

Le *scarificateur* a la même forme que l'extirpateur ; seulement les socs sont remplacés par des

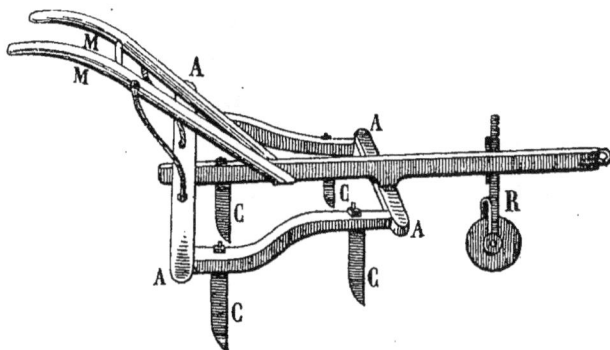

FIG. 8.

coutres. On s'en sert pour unir les terres, pour ameublir celles qui n'ont pas été labourées depuis longtemps, et pour détruire les mauvaises herbes. (*Fig.* 8.)

LA HOUE A CHEVAL.

160. *Qu'est-ce que la houe à cheval ?*

La *houe à cheval* est un instrument muni de socs et de couteaux destinés à détruire les mauvaises herbes et à ameublir la surface du sol dans la culture des plantes-racines semées en lignes ou rayons (*Fig.* 9.)

Cet instrument économise beaucoup de temps ;
mais il ne dispense pas de recourir à la main pour

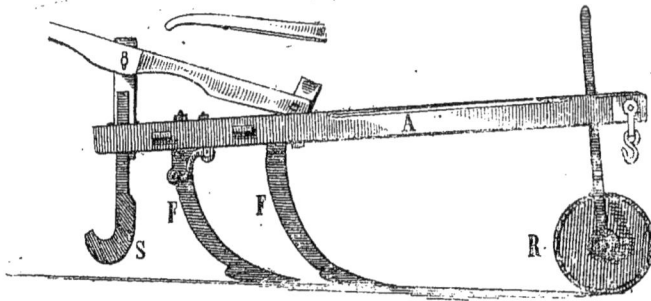

Fig. 9.

terminer l'opération entre les plantes de chaque
ligne.

LE BUTTOIR.

161. *Qu'est-ce que le buttoir ?*

Le *buttoir* est une espèce de charrue à deux
versoirs qui peuvent s'écarter ou se rapprocher à

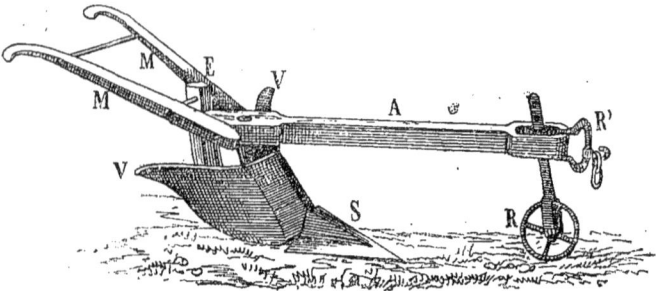

Fig. 10.

volonté ; il sert, dans les cultures sarclées, à *chausser* ou *butter* les plantes. On l'emploie aussi pour
ouvrir ou vider les rigoles d'écoulement après les
semailles. (*Fig.* 10.)

Il ne faut pas oublier qu'un bon cultivateur doit
apporter un grand soin dans la conservation de ses
instruments. Charrues, herses, extirpateurs, voitures, etc., doivent recevoir une couche de pein-
ture à l'huile. On les met à couvert pendant la
mauvaise saison et les grandes chaleurs, lorsqu'on
ne s'en sert pas.

CHAPITRE VII

LA CULTURE DU SOL.

162. *En quoi consiste l'art de la culture ?*

L'art de la culture a pour but de tirer de la terre la plus grande quantité possible de produits.

163. *Comment se divise-t-il ?*

Il se divise en quatre parties principales, savoir : 1° l'*agriculture*, ou culture des champs ; 2° l'*horticulture*, ou culture des jardins ; 3° la *sylviculture*, ou culture des bois ; 4° la *viticulture*, ou culture des vignes.

164. *De quoi s'occupe particulièrement l'agriculture ?*

L'agriculture s'occupe particulièrement de la production des plantes nécessaires à la nourriture de l'homme et à celle des animaux.

165. *De quoi s'occupe l'horticulture ?*

L'horticulture s'occupe de l'établissement et de l'entretien des jardins et des vergers.

166. *Combien de parties contient l'horticulture ?*

Elle comprend : 1° le jardinage, qui s'occupe de la culture des plantes potagères ; 2° l'arboriculture, qui traite des soins à donner aux arbres fruitiers ; 3° la floriculture, qui s'occupe des fleurs.

167. *De quoi s'occupe la sylviculture ?*

Elle s'occupe des bois, de la culture des arbres

dont on se sert pour le chauffage, pour les con-
structions et pour la confection des meubles.

168. *De quoi s'occupe la viticulture ?*

La viticulture traite de la culture des vignes.

169. *Qu'est-ce que la botanique ?*

C'est la science qui traite des plantes et de leurs
propriétés.

170. *Pourquoi des notions de botanique sont-elles nécessaires à l'agriculteur ?*

Parce qu'elles lui font connaître les différentes
plantes dont la culture offre le plus d'avantages, et
celles qui conviennent le mieux à chaque nature de
sol.

171. *Qu'est-ce que connaître les plantes ?*

C'est connaître leurs organes, c'est-à-dire les
parties dont elles sont composées, et les fonctions
de ces organes les uns envers les autres. C'est
aussi savoir comment elles se nourrissent et se reproduisent.

ORGANES DES PLANTES.

172. *Qu'est-ce que les organes ?*

Les organes sont les instruments à l'aide desquels s'exécutent les fonctions qui entretiennent la
vie des plantes et concourent à leur reproduction.

173. *Il y a donc deux sortes d'organes ?*

Oui : les organes de la nutrition, c'est-à-dire ceux
qui procurent à la plante la nourriture dont elle a
besoin ; les organes de la reproduction, c'est-à-dire
ceux qui permettent à la plante de reproduire
d'autres végétaux de son espèce.

ORGANES DE LA NUTRITION.

1º RACINE. — 2º — TIGE. — 3º FEUILLES.

174. *Quels sont les organes de la nutrition ?*

La racine, la tige, les feuilles.

175. *Qu'est-ce que la racine ?*

La racine est cette partie des végétaux qui s'introduit dans le sol ; c'est par elle que leur arrive une partie des substances nécessaires à leur nutrition.

176. *Quelles sont les différentes parties de la racine ?*

1º Le *collet* ou *nœud vital*, qui sépare la tige de la racine proprement dite ;

2º Le *chevelu* ou *radicelles*, terminées par des espèces de *suçoirs* qui puisent dans le sol les sucs propres à la nourriture de la plante.

177. *Qu'appelle-t-on plantes annuelles ?*

Celles qui germent, se développent, fructifient et meurent la même année. Toutes les céréales sont des plantés annuelles.

178. *Qu'appelle-t-on plantes bisannuelles ?*

Celles qui meurent la seconde année après le semis.

179. *Q'appelle-t-on plantes vivaces ?*

Celles dont les tiges peuvent mourir tous les ans, mais dont la racine vit plusieurs années. Telles sont les prairies naturelles (la luzerne, le sainfoin, etc.).

180. *Qu'appelle-t-on plantes ligneuses ?*

Des plantes vivaces dont la tige peut durer aussi longtemps que la racine.

181. *Comment peut-on rendre vivaces des plantes annuelles ?*

On peut rendre vivaces quelques plantes annuelles en les empêchant de fleurir.

182. *Comment peut-on classer les racines ?*

On peut les classer ainsi : les *tubéreuses*, qui ressemblent à la pomme de terre ; les *fibreuses*, formées de petits filets qui s'enfoncent peu dans le sol, comme le blé ; les *bulbeuses*, qui se rapprochent de l'oignon, comme l'ail, l'échalotte ; les *pivotantes*, qui comprennent les carottes, les betteraves, etc.

Beaucoup de racines sont employées comme aliments : tels sont les panais, les salsifis, les navets, etc. ; d'autres donnent de la teinture, comme la garance ; d'autres fournissent des médicaments : la guimauve, le chiendent, la réglisse, l'angélique, la rhubarbe, la salsepareille, etc.

183. *Qu'est-ce que la tige ?*

La tige est la partie de la plante qui, partant du collet, prend son accroissement hors de terre, de bas en haut, et recherche l'air et la lumière.

184. *Qu'est-ce qu'une tige ligneuse ?*

Celle qui a la consistance du bois.

185. *Qu'est-ce qu'une tige herbacée ?*

Celle qui est tendre comme l'herbe.

186. *Quelles sont les parties qui forment la tige ?*

Ce sont : 1° l'*épiderme* ou *écorce*, qui est la plus extérieure ; 2° l'*enveloppe herbacée*, qui se trouve immédiatement au-dessous de l'épiderme, et qui se distingue par sa couleur verdâtre ; 3° les *couches corticales*, formées de feuillets minces et superposés : on leur donne aussi le nom de *liber*, 4° l'*aubier*, ou bois tendre ; 5° le *bois proprement dit*, qui se forme par le duacissement successif des couches internes de l'aubier ; 6° la *moelle*, substance légère, spongieuse, placée ordinairement au centre de la tige, et contenue dans une espèce de tuyau appelé *étui médullaire*.

187. *Qu'est-ce que les feuilles ?*

Les feuilles sont les organes qui naissent sur la tige et les rameaux des plantes par suite du développement des bourgeons. La feuille est ordinairement verte, plane, membraneuse et composée d'un support qui se nomme *pétiole*, et d'une partie élargie. foliacée qui se nomme limbe.

188. *Qu'est-ce que la sève ?*

La sève est ce liquide que les racines puisent et absorbent dans le sein de la terre pour le faire servir à la nourriture du végétal. C'est la sève qui, contenant en dissolution ou en suspension les véritables matières nutritives, les dépose dans l'intérieur de la plante à mesure qu'elle traverse son tissu.

Avant d'expliquer la marche de la sève, son ascension et sa descente, il faut dire un mot de la nature et de la composition de l'air et de l'eau.

L'AIR.

L'air est le fluide au milieu duquel nous vivons. Il forme autour de la terre une couche d'environ

60 kilomètres de hauteur, et qu'on appelle *atmosphère*.

L'air est sans saveur, sans odeur, transparent et incolore. Il est compressible et élastique, c'est-à-dire, qu'il diminue de volume quand il est soumis à une pression et qu'il reprend son volume lorsque la pression cesse. L'air est composé de deux gaz principaux : l'*oxygène* et l'*azote*. Sur 100 litres d'air, il y en a environ 20 d'oxygène et 80 d'azote. Il contient, en outre de la vapeur d'eau et de l'*acide carbonique*.

L'*oxygène* est un gaz sans odeur ni couleur ; il fait brûler avec avidité les corps qu'on y plonge ; c'est aussi la seule partie de l'air atmosphérique qui serve à la respiration.

L'*azote*, au contraire, est nuisible à la vie des animaux et des plantes ; il n'entretient pas la combustion ni la respiration. Si l'on introduisait un oiseau dans un tube rempli d'azote, il mourrait presque aussitôt asphyxié ; et si on y plaçait une bougie allumée, elle s'éteindrait immédiatement.

L'*acide carbonique* est un corps formé par la combinaison de l'oxygène et du carbone. Quant au *carbone*, c'est un corps très-abondant dans la nature, qui n'est autre que du charbon à l'état de pureté absolue.

L'EAU.

L'eau est un mélange d'oxygène et d'hydrogène.

L'*hydrogène* est un gaz sans couleur, il peut brûler ; mais, lorsqu'il est seul, il n'entretient ni la combustion, ni la respiration, c'est-à-dire qu'un *comburant* ne brûlerait pas, et qu'un animal ne vivrait pas au milieu de l'hydrogène.

Les plantes se fanent, dépérissent, lorsqu'elles sont privées d'humidité ; mais, dès qu'on les arrose ou qu'il pleut, elles reprennent de la vigueur ; leurs tiges se redressent, leurs feuilles se dérident, et prennent une couleur verte plus foncée.

C'est donc l'eau qui produit cette transformation.

Cependant, ce n'est point l'eau elle-même qui nourrit les végétaux, car une plante, dont les racines plongent dans l'eau pure, meurt de faim, mais en s'infiltrant dans la terre, l'eau dissout les substances nutritives qui s'y trouvent, et les introduit dans toutes les parties du végétal. L'eau est donc le véhicule, le conducteur des aliments dans les plantes.

LA MARCHE DE LA SÈVE.

La sève est donc entrée dans la plante par les racines. A peine entrée, elle monte, elle monte jusqu'au sommet du végétal ; elle est encore liquide, aqueuse, impropre à la nutrition. Mais elle pénètre dans les feuilles, et elle se met en communication avec l'air au moyen de mille petites ouvertures dont sont percées les feuilles et qui se nomment *stomates*.

Alors, s'opèrent deux phénomènes qui sont la *transpiration* et la *respiration*.

La *transpiration* c'est l'évaportion. La *plante* rejette, sous forme de vapeur, l'eau qu'elle contenait en trop grande quantité. Mais ce n'est pas seulement de l'eau que la plante cherche à se débarrasser, il y a aussi certaines matières qu'elle veut jeter au dehors. C'est ainsi que certains végétaux secrètent de la résine, de la gomme, de la cire, des huiles volatiles.

La *respiration* de la plante consiste à absorber l'acide carbonique de l'air, à fixer le carbone dans ses tissus et à exhaler l'oxygène.

On croyait, récemment encore que la plante avait deux respirations, l'une de jour, l'autre de nuit. C'était une erreur. La plante n'a que le mode de respiration indiqué ci-dessus, et, la nuit elle continue à exhaler l'oxygène et non pas l'acide carbonique.

Ce sont les fleurs et les fruits qui exhalent l'acide carbonique la nuit aussi bien que le jour. C'est la fonction normale des organes colorés de la plante.

La sève ainsi transformée et débarrassée des substances qui ne doivent pas alimenter le végétal, ne reste pas stationnaire, elle retourne au point d'où elle est partie, mais par une route différente. Elle suit les couches corticales, parties les plus vermeilles, et seules susceptibles d'accroissement.

Pour avoir la preuve du retour de la sève et de son passage par les couches corticales, il suffit de faire une forte ligature à peu de distance du tronc d'un jeune arbre; on ne tardera pas à voir se former au-dessus de cette ligature un bourrelet circulaire qui deviendra de plus en plus saillant; la partie inférieure de la tige cessera de s'accroître. Si la sève descendante ne suivait pas la direction indiquée, le bourrelet ne serait pas apparent. C'est donc la sève ascendante qui renouvelle et entretient le cambium; c'est elle aussi qui concourt essentiellement au développement et à l'accroissement des plantes. Ce fait constaté sera utile dans la taille et la conduite des arbres fruitiers.

189. *Comment se fait il, puisque l'air contient fort peu d'acide carbonique, que les plantes en aient assez pour se nourrir ?*

L'acide carbonique est toujours en faible proportion dans l'atmosphère, précisément parce que les plantes l'absorbent continuellement ; mais il n'en manque jamais. Il y aurait même danger à voir la proportion s'augmenter; mais l'oxygène qu'exhalent les plantes est absorbé par les animaux, et l'acide carbonique expiré par les animaux, et répandu dans l'atmosphère, est inspiré et retenu par les plantes; de sorte que l'équilibre n'est jamais rompu.

ORGANES DE LA REPRODUCTION.

1° FLEURS. — 2° FRUIT. — 3° GRAINE.

190. *Qu'appelle-t-on organes de la reproduction ?*

Ceux qui permettent à la plante, de reproduire des végétaux de son espèce.

190 (bis . *Quels sont ils ?*

Ce sont les étamines, ou organes mâles, et le pistil, ou organe femelle.

191. *Qu'est-ce que le pistil ?*

Le pistil qui occupe le centre de la fleur se compose : 1° d'une partie inférieure creuse, nommée *ovaire*, propre à contenir les rudiments des graines, ou les *ovules;* 2° et d'une partie glandulaire, placée sur l'ovaire, destinée à recevoir la matière fécondante de l'organe mâle : c'est le *stigmate :* Le plus souvent l'ovaire est séparé du stigmate par un filament creux nommé *style.*

192. *Qu'est-ce que les étamines ?*

Le; étamines sont de petits filets munis d'une petite poche nommée *anthère* qui renferme le *pollen.*

19£. *Qu'est-ce que le pollen ?*

C'est une espèce de poussière qui, en se répandant sur le pistil, lui procure la faculté de produire le fruit.

194. *Les organes de production ne sont-ils pas protégés par des enveloppes ?*

Oui. Ces enveloppes sont : 1° la *corolle,* qui est la plus près de la fleur, formée ou d'une seule pièce ou de plusieurs qu'on nomme *pétales ;* 2° le *calice,* enveloppe extérieure, ordinairement d'une couleur verte, comme les feuilles.

195. *Qu'est-ce que le fruit ?*

C'est l'ovaire développé, renfermant les graines fécondées (propres à reproduire une plante). Le fruit comprend le *péricarpe* et la *graine.*

196. *Qu'est-ce que le péricarpe ?*

Le *péricarpe* est cette partie d'un fruit mûr et parfait qui contient dans son intérieur une ou plusieurs graines.

197. *Qu'est-ce que la graine ?*

La graine est cette partie du fruit parfait qui se trouve dans l'intérieur du péricarpe.

198. *De quoi est-elle formée ?*

Elle est formée d'une *pellicule,* ou *enveloppe* dans laquelle se trouve l'amande. L'*amande* contient l'embryon, ou germe d'une nouvelle plante.

LA GERMINATION.

199. *Qu'est-ce que la germination ?*

C'est l'acte par lequel une graine, placée dans le sol, se développe pour donner naissance à une plante de la même espèce que celle dont elle provient.

200. *Comment se fait la germination ?*

Lorsque la graine est placée dans le sol, elle se gonfle par l'effet de l'humidité qu'elle y rencontre ; les enveloppes qui la recouvrent se ramollissent et se rompent pour laisser un passage à l'embryon. La végétation agit ensuite en sens opposé pour la tige et la racine.

201. *Qu'est-ce que la radicule ?*

C'est le développement du germe qui s'enfonce en terre pour former la racine.

202. *Qu'est-ce que la plumule ?*

C'est le développement du germe qui s'élève dans l'air pour former la tige.

203. *Quels sont les agents indispensables à la germination ?*

1° L'eau ; 2° la chaleur ; 3° l'air.

LA REPRODUCTION DES VÉGÉTAUX.

204. *De combien de manières les plantes se reproduisent-elles ?*

De deux manières : par *génération,* c'est-à-dire par le moyen des graines ; par *propagation,* c'est-à-dire par une partie que l'on détache du végétal et qui, mise dans le sol, donne une nouvelle plante.

205. *Combien distingue-t-on de modes de reproduction par propagation ?*

Trois : la marcotte, la bouture, la greffe.

Il en sera parlé au chapitre concernant le Jardin fruitier.

CHAPITRE VIII

LES SYSTEMES DE CULTURE.

206. *Qu'entend-on par système de culture?*

On entend par *système de culture* l'ensemble des moyens les plus judicieux qu'emploie le cultivateur pour tirer le meilleur profit de ses terres, tout en les maintenant dans un bon état de fertilité.

207. *Quels sont les principaux systèmes de culture?*

Ce sont : 1° le *système pastoral ;* 2° le *système céréal ;* 3° le *système industriel* ou *commercial ;* 4° le *système alterne* ou *mixte.*

208. *Qu'est-ce que le système pastoral?*

Le *système pastoral* est celui dans lequel la presque totalité d'une exploitation est mise en prairies.

209. *Qu'est-ce que le système céréal?*

Le *système céréal* a pour principal objet la production des céréales : blé, seigle, orge, avoine.

210. *Qu'est-ce que le système industriel ou commercial?*

C'est le système dans lequel on s'occupe spécialement de la culture des plantes qui servent de matières premières à une industrie particulière, comme le houblon, le tabac, la garance, le chanvre, le lin, etc.

211. *Qu'est-ce que le système alterne ou mixte?*

Ce n'est autre chose que la combinaison bien

entendue des trois autres, et leur application à une même exploitation.

212. *Est-il indifférent d'adopter l'un ou l'autre de ces systèmes?*

On ne peut pas adopter indifféremment, dans toutes les parties de la France, tel ou tel système. Avant de faire un choix, on doit consulter le climat, la nature et la disposition du sol, le prix de la main-d'œuvre et la facilité d'écoulement des produits.

213. *Dans quels cas doit-on adopter le système pastoral?*

On doit adopter le système pastoral lorsque l'exploitation se trouve sous un climat froid, sur des montagnes élevées et sur des côtes rapides, comme on en rencontre dans l'Auvergne, les Vosges, le Jura, etc. ; et encore dans un pays où la population est peu nombreuse, l'étendue du territoire considérable et la main-d'œuvre élevée. Établir des pâturages et des prairies ; nourrir, élever et engraisser des bestiaux ; tels sont en effet, les meilleurs moyens de tirer les plus beaux bénéfices d'une exploitation de ce genre.

Cependant on doit d'autant moins négliger la culture des céréales sur les terres susceptibles d'en produire, qu'on peut avoir à sa disposition une grande quantité de fumier.

214. *Dans quelles circonstances peut-on adopter le système céréal?*

Ce système peut être pratiqué avec quelques avantages sur les terres riches et fertiles, dans les pays où les engrais sont à bas prix et faciles à obtenir, sur des sols nouvellement mis en culture ; lorsqu'on manque de débouchés pour les produits industriels qu'on pourrait obtenir, et qu'on n'a pas assez de capitaux pour se livrer à un genre de culture qui exige des avances considérables de main-d'œuvre.

Mais, d'après ce proverbe rigoureusement vrai, que « *pour avoir des blés, il faut avoir des prés* ». ce système doit nécessairement faire alliance avec le système pastoral.

215. *Où le système industriel peut-il être mis en usage ?*

Le système industriel ne peut être mis en usage que dans certains climats privilégiés, par exemple, dans le midi de la France, où l'on cultive le mûrier pour l'entretien des vers à soie, l'olivier pour son huile, etc. ; et dans quelques contrées du nord, où l'on récolte le tabac, le houblon, dont l'usage est devenu général.

Mais ce système exige des connaissances spéciales, des capitaux et une vente facile des produits.

216. *Quel est le système alterne ?*

Le caractère distinctif du système alterne consiste dans la variété des plantes que l'on fait produire à la terre. Introduire entre les récoltes des céréales des cultures de plantes-racines sarclées (betteraves, pomme de terre, carottes), et établir des prairies artificielles en alternant le tout convenablement, tel est le secret, telle est la base de ce système.

Par cette combinaison avantageuse, on obtient des fourrages et des racines pour l'entretien des bestiaux, des bestiaux pour la fabrication des engrais, et des engrais pour augmenter la production des céréales. Les avantages de ce système sont marqués par la multiplicité des produits et des chances de bénéfices, par une répartition mieux entendue du travail dans le cours de l'année. C'est donc le système que tout cultivateur doit suivre soit complètement, soit partiellement.

Les assolements.

217. *Qu'entend-on par assolement ?*

On entend par *assolement* la manière dont les plantes sont réparties dans le courant d'une même année sur les différentes *soles* ou *parties* d'une exploitation.

218. *Qu'entend-on par sole ?*

Une *sole* est une des divisions de l'exploitation ; c'est l'ensemble des terres sur lesquelles se trouvent, la même année, des récoltes de même nature.

219. *Quels sont les principes qui doivent présider au classement des terres, c'est-à-dire aux assolements ?*

Voici les principaux :

1º Donner au climat et au sol les récoltes qui leur conviennent ;

2º Ne pas faire sur la même terre, sans interruption, deux récoltes épuisantes ; conséquemment, placer entre deux récoltes épuisantes des récoltes améliorantes ;

3º Faire succéder aux plantes qui salissent le terrain des plantes qui étouffent les herbes ou qui exigent des cultures répétées pendant leur végétation;

4º En un mot, alterner les récoltes ;

5º Veiller à ce que les récoltes destinées à re-

5.

tourner au sol sous forme d'engrais soient en proportion avec celles qui épuisent le sol ;

6º Mettre, autant que possible, le fumier frais
dans les récoltes binées et fauchées en vert.

PLANTES PARTICULIÈRES A CHAQUE SOL.

220. *Quelles sont les plantes qui conviennent :*
1º Au sol argileux amendé et fumé ?

Ce sont le froment, l'avoine, le trèfle, les fèves,
les vesces, les choux, le chanvre, le colza, etc.

221. *2º Au sol argileux, tenace, froid ?*

Il n'y a guère que l'herbe.

222. *3º Au sol argilo-siliceux ou terre blanche ?*

L'avoine et le trèfle incarnat ; si le sol a été bien
préparé, le blé, le colza, le trèfle y viennent encore
passablement.

223. *4º Au sol argilo-calcaire profond ?*

Sous un climat chaud, la luzerne, la garance, le
froment, l'orge, le maïs, les fèves, le colza ; sous
un climat froid, ce sol convient aux plantes fourragères et aux récoltes sarclées, au chanvre et au
lin.

224. *5º Au sol calcaire ?*

La vigne, l'amandier, l'olivier, dans le Midi ; le
sainfoin, l'orge, la navette, dans le Nord et
l'Est.

225. *6º Au sol sablonneux ?*

La vigne, le seigle, le sarrasin, l'avoine, et
l'herbe, si ellle peut être irriguée.

226. *7º Au sol silico-argilo-calcaire ?*

La vigne, le seigle, le sarrasin, l'avoine, l'orge,

la pomme de terre, la rave, le navet, les vesces,
les pois, le lin, le chanvre, le millet, les féveroles,
etc.

PLANTES ÉPUISANTES.

227. *Quelles sont les plantes que l'on appelle épuisantes?*

Ce sont, en général, les plantes récoltées en
graine : la pomme de terre, les choux, les betteraves, le froment, l'orge, le maïs, le seigle, l'avoine, le colza, les haricots, les lentilles, le chanvre,
le lin.

PLANTES QUI ENRICHISSENT LE SOL.

228. *Quelles sont les plantes qui enrichissent le sol?*

Ce sont celles dont la masse ou les principaux
débris retournent au sol, après avoir puisé une
grande partie de leur nourriture dans l'air : telles
sont les prairies artificielles et naturelles défrichées et les récoltes enfouies en vert, comme le
lupin, le sarrasin, les vesces, les pois, la navette,
la moutarde.

PLANTES QUI MÉNAGENT LE SOL.

229. *Quelles sont les plantes qui ménagent le sol?*

Toutes les plantes fauchées en vert et non enfouies, comme les vesces, les pois, le seigle, l'a-
voine, etc.

PLANTES QUI AMEUBLISSENT LE SOL.

230. *Quelles sont les plantes qui, sans enrichir le sol, l'ameublissement, le purgent des mauvaises herbes et le préparent pour les grains d'hiver?*

Ce sont le colza et la navette d'hiver, le trèfle, la betterave, la pomme de terre, toutes les plantes binées, le sarrrasin, etc.

231. *Qu'entend-on par ces mots: Alterner les récoltes?*

Alterner les récoltes, c'est ne jamais mettre deux fois de suite les mêmes récoltes dans le même terrain.

Certains principes nutritifs, qui ne produisent aucun effet sur une plante, agissent efficacement sur une autre. L'alternance est donc indispensable.

LA ROTATION.

232. *Qu'est-ce que la rotation?*

La *rotation*, c'est l'ordre dans lequel diverses plantes se succèdent dans un même sol pendant un certain nombre d'années. La rotation indique combien il s'écoule de temps avant que la même plante revienne sur le sol.

On ne saurait indiquer de règle générale pour établir une bonne rotation, car elle varie suivant la nature des terrains; néanmoins on peut poser des principes certains.

233. *Quels sont-ils?*

Les voici :

Faire en sorte : 1° que les récoltes se succèdent

dans un ordre tel qu'elles ne reviennent pas plus souvent sur le même terrain que cela ne convient à leur nature, et que les façons appliquées à l'une servent de préparation à l'autre.

2° Qu'il s'écoule assez de temps entre la récolte d'une plante et la semaille d'une autre, pour qu'on puisse donner à la terre toutes les façons qu'elle réclame ;

3° Que deux plantes salissantes, deux plantes épuisantes, ne se succèdent pas immédiatement.

LA JACHÈRE.

234. *Qu'appelle-t-on jachère?*

C'est le repos que l'on donne à la terre en la laissant improductive pendant un an, On la cultive seulement pour détruire les mauvaises herbes et mettre le terrain en façon.

235. *Dans quel cas doit-on laisser une terre en jachère?*

Dans le cas où la terre est peu fertile, lorsqu'on en possède beaucoup et que l'on manque d'engrais.

On voit la nécessité de faire beaucoup d'engrais, afin de ne laisser en jachère que les terres en mauvais état et saturées de mauvaises herbes.

CHAPITRE IX

LES ENSEMENCEMENTS.

236. *Que faut-il connaître relativement aux ensemencements ?*

Il faut bien savoir choisir la semence, connaître la quantité que l'on doit employer, sa préparation, l'époque des semailles, la profondeur à laquelle la semence a besoin d'être enterrée, et les différentes manières de la répandre.

237. *Quelles conditions doit remplir une bonne semence ?*

Elle doit provenir d'une plante vigoureuse, avoir été récoltée à une maturité complète et conservée sainement. La meilleure graine est donc celle qui est la plus grosse, qui a le plus de poids, le plus beau luisant et qui n'a aucune odeur d'*échauffé*.

En général les semences nouvelles doivent être préférées aux vieilles, parce qu'elles sont moins sujettes à manquer, qu'elles poussent plus vigoureusement et donnent de meilleurs produits. Comme toutes les plantes dégénèrent lorsqu'elles sont semées plusieurs années de suite sur le même sol, il y a avantages, dans la plupart des cas, à renouveler la semence, c'est-à-dire à la tirer d'un climat différent de celui où on veut la semer.

238. *Quelle quantité de semence doit-on employer?*

Cela dépend de la nature de la graine, de la fertilité du sol, de sa préparation, de l'époque de la semaille, etc.

239. *Qu'y a-t-il à dire sur l'époque des semailles?*

L'époque des semailles dépend aussi de la nature des graines, de la température et de la préparation du sol. Il faut bien saisir le moment favorable pour les ensemencements. Les semailles faites de bonne heure sont le plus souvent les meilleures. Dans les semailles d'automne, les sols argileux doivent être ensemencés avant les sols sablonneux et calcaires, une terre pauvre avant une terre riche, une terre froide avant une terre chaude.

240. *A quelle profondeur la semence doit-elle être enterrée?*

Règle générale : dans un terrain sablonneux ou calcaire, sous un climat chaud et dans les semailles d'automne, la semence doit être enterrée plus profondément que dans un terrain argileux, sous un climat froid et dans les semailles de printemps.

Les graines fines demandent à être recouvertes superficiellement.

241. *Quelles sont les différentes manières de semer?*

On sème à la volée ou au semoir.

On sème *sous raies* ou *sur raies*.

242. *Qu'est-ce que semer sous raies et sur raies?*

Semer *sous raies*, c'est semer avant le labour ; on sème *sur raies* lorsqu'on répand la semence sur le labour et qu'on l'enterre par un ou plusieurs coups de herse.

Quelquefois on sème moitié sous raies et moitié sur raies.

Au lieu de semer sur place, souvent, pour certaines plantes, lorsque la saison n'est pas favorable ou que le terrain n'est pas bien préparé à l'époque de la semaille, on sème en pépinière dans une excellente terre bien fumée et bien soignée. Alors on transplante.

243. *Que doit-on observer dans la transplantation ?*

On doit veiller à ce que le plant soit vigoureux, à ce qu'il soit arraché avec soin et mis en place aussitôt à ce que la terre soit bien préparée.

Parmi les plantes que l'on peut transplanter sont : le colza, la navette d'hiver, les choux, les carottes, les navets, la betterave.

ENTRETIEN DES PLANTES.

244. *Quels soins exigent les plantes pendant leur végétation ?*

Elles exigent des travaux de sarclage, de hersage, de binage et de buttage.

245. *Quelle est l'utilité des hersages ?*

On applique les hersages aux blés après l'hiver dans les terres argileuses et fortes, pour gratter le terrain et diviser les plants, afin de les faire *taller*. On herse aussi le colza, les betteraves, etc., lorsqu'il y a trop de plants, et les prairies artificielles, pour détruire la mousse, les herbes gazonneuses, et activer la végétation des plantes. Pour faire ces opérations, on choisit un temps bien favorable.

246. *Quelle est l'utilité du sarclage, du binage et du buttage ?*

Le sarclage sert à détruire toutes les mauvaises

herbes qui croissent avec les plantes et les étouffent.
Dans les plantes-racines, le binage sert à ameublir la terre. et le buttage à chausser le pieds des
plants.

LES RÉCOLTES.

217. *Comment s'opère la rentrée des récoltes ?*

On fauche les prairies ; on fauche, on sape ou
l'on faucille les céréales ; on arrache les plantes-
racines, les unes à la main, comme les betteraves,
les carottes ; les autres à la charrue ou à la pioche,
comme la pomme de terre, le topinambour.

218. *Comment se fait le battage?*

Le battage des grains se fait au fléau ou au
moyen d'une machine à battre, ou encore en faisant piétiner les chevaux sur les épis. Ce dernier
procédé est encore en usage dans le midi de la
France.

CONSERVATION DES RÉCOLTES.

249. *Que faut-il pour que les grains se conservent ?*

Pour que les grains se conservent bien, ils
doivent être mis en tas bien secs, être à l'abri de
l'humidité, être pénétrés d'un courant d'air et re-
mués souvent. Les graines oléagineuses ont particulièrement besoin d'être entassées bien sèches,
sinon elles s'échauffent et deviennent impropres à
faire de l'huile.

250. *A quelles conditions les fourrages se conservent-ils ?*

Les fourrages se conservent bien s'ils sont rentrés secs, s'ils ont jeté *leur feu* et s'ils sont mis à couvert soit dans les bâtiments, soit en meules.

CHAPITRE X

LA CULTURE SPÉCIALE DES PLANTES.

251. *Quelles sont les différentes sortes de plantes dont s'occupe l'agriculture ?*

Ce sont les céréales, les légumes farineux, les récoltes-racines, les plantes commerciales et les récoltes fourragères.

Les céréales.

252. *Qu'appelle-t-on céréales ?*

On appelle *céréales* les plantes à semences farineuses dont les produits servent principalement à la nourriture de l'homme. Ce sont : le blé, l'épautre, le seigle, l'orge, l'avoine, le sarrasin, le millet, le maïs, le sorgho.

Les céréales sont dites d'automne lorsqu'elles supportent facilement les rigueurs de l'hiver, et de printemps, si elles ne peuvent être semées qu'après l'hiver.

BLÉ OU FROMENT.

Le *blé* est la plus importante de toute les céréales. On en connaît un grand nombre de variétes, et particulièrement les blés barbus et blés sans barbe, les blés tendres et les blés durs, les blés d'automne et les blés de printemps.

253. *Quelle doit être la culture du froment ?*

Le froment exige un terrain consistant, frais, préparé par plusieurs labours ou par la culture des plantes sarclées. Néanmoins on peut le semer par un seul labour sur un trèfle rompu. La semence doit être criblée, cylindrée et de bonne qualité. Pour la préserver de la carie, on la soumet à l'action de la chaux. A cet effet, on fait dissoudre de la chaux vive dans de l'eau bouillante, et l'on arrose la semence de cette dissolution, de manière que tous les grains soient mouillés. Il faut 4 à 5 kilogrammes de chaux et 10 à 20 litres d'eau par hectolitre de blé. On emploie aussi dans le même but le vitriol bleu, ou sulfate de cuivre.

On sème dans les terrains froids dès la fin de septembre ; on sème jusqu'en décembre dans les terrains chauds.

La quantité de semence qu'on doit employer est d'environ deux hectolitres par hectare.

254. *Quels sont les soins qu'exigent les terres ensemencées de blé ?*

Lorsque les semailles sont terminées, on fait des rigoles d'écoulement. Après l'hiver, et par un temps favorable, on donne un hersage aux terres argileuses, afin de desserrer la terre, de détruire les mauvaises herbes et de faire taller les plantes. Dans les terres légères que les gelées ont soulevées, on emploie le rouleau pour raffermir le sol.

BLÉ DE PRINTEMPS.

255. *Quelle doit être la culture du blé de printemps ?*

Le *blé de printemps* est moins exigeant que celui d'automne. Il vient même dans les terres légères médiocres, pourvu qu'elles soient un peu fraîches et bien nettes de mauvaises herbes.

256. *Quels sont le rendement et le poids du blé ?*

Le rendement varie, selon la qualité de la terre, de 20 à 30 hectolitres par hectare. Le poids du blé est de 60 à 80 kilogrammes par hectolitre.

ÉPEAUTRE.

257. *Quelle est la culture de l'épeautre ?*

L'*épeautre* est, sous le rapport du sol, moins exigeant que le froment, et sa culture est la même.

SEIGLE.

258. *Quelle doit-être la culture du seigle ?*

Le *seigle* convient aux terres sablonneuses ; il se contente d'un terrain médiocre, pourvu qu'il soit bien ameubli. On le sème dans le courant de septembre et par un temps sec. On emploie environ deux hectolitres de semence par hectare. Le rendement est un peu moindre que celui du blé, et le poids de l'hectolitre de seigle varie entre 65 et 75 kilogrammes.

Le seigle est sujet à une maladie connue sous le nom d'*ergot*. Le pain fait de seigle ergoté est dangereux pour la santé de l'homme.

MÉTEIL.

259. *Parlez de la culture du méteil.*

Le *méteil* est un mélange de blé et de seigle. On le sème dans les terres qui sont trop pauvres pour produire du blé, et qui ne le sont pas assez pour se contenter du seigle. La semaille du méteil se fait en septembre, avant celle du froment. On le récolte plus tôt que le blé ; c'est un avantage, car, la veille de la moisson, les greniers sont vides, et le méteil se vend toujours un bon prix sur les marchés.

ORGE.

260. *Quelle est la culture de l'orge ?*

L'*orge* vient sur tous les terrains, mais de préférence sur les sols silico-argileux qui ne sont ni trop compactes ni trop légers. Elle veut une terre bien ameublie. On connaît plusieurs variétés d'orge, dont les principales sont : l'orge à six rangs ou *escourgeon*, qui se sème avant l'hiver, et l'orge à deux rangs, qui se sème en avril.

L'orge est employée pour la nourriture des animaux, dans la fabrication de la bière et de l'alcool, et dans la médecine. L'orge rend en général 20 à 30 hectolitres par hectare. Le poids de l'hectolitre d'orge est d'environ 62 kilogrammes.

AVOINE.

261. *Quelle est la culture de l'avoine ?*

Tous les terrains conviennent à l'*avoine*, pourvu qu'ils ne soient pas trop secs.

On la sème après des luzernes et des sainfoins
défrichés, après des récoltes sarclées, et le plus
souvent après le blé. Elle réussit mieux que les
autres graines dans les terres médiocrement préparées. La semaille d'avoine se fait dès le mois de
février. On en fait aussi en automne. On enfouit le
plus souvent la semence avec la herse ; on passe
ensuite le rouleau sur le terrain ensemencé. On
emploie 2 à 3 hectolitres de semence pour un hectare, qui peut rendre de 20 à 60 hectolitres. Le
poids moyen de l'hectolitre est de 45 kilogrammes.

L'avoine sert principalement pour la nourriture
des chevaux.

MAIS.

262. *Quelle est la culture du maïs ?*

Sous un climat chaud, le *maïs* prospère dans les
sols argilo-sablonneux ; sous un climat froid, il se
plaît mieux sur les sols silico-argileux, chauds et
actifs. Il exige des terrains bien préparés par des
labours profonds et bien fumés ; il vient bien après
le blé et sur des terrains nouvellement défrichés.
La semaille du maïs se fait dès les premiers beaux
jours du printemps ; on le sème à la volée pour le
fourrage, et en lignes pour le gain.

263. *Quels soins exige le maïs jusqu'à la récolte ?*

Dès que les tiges sont sorties de terre, on donne
un sarclage et on éclaircit ; plus tard on bine le
maïs, puis on le butte, et on retranche tous les rejets qui poussent aux pieds des plants. Lorsque
l'épi est sorti du fourreau, on coupe la cime des
tiges.

Le maïs produit de 50 à 60 fois la semence. On peut, entre les lignes de maïs, cultiver des haricots nains ou d'autres plantes non grimpantes.

264. *A quels usages emploie-t-on le maïs ?*

On emploie le maïs pour la nourriture de l'homme, pour la fabrication de la bière, à la place de l'orge, pour l'engraissement de la volaille et des porcs. Ses tiges peuvent être employées comme fourrage, les feuilles servent à faire du papier.

MILLET.

265. *Quelle est la culture du millet ?*

Le *millet* se plaît dans une terre légère. On le cultive plutôt pour les bestiaux, comme fourrage surtout, que pour la nourriture de l'homme ; on le sème au commencement du printemps. Pendant sa végétation, le millet exige plusieurs labours.

SORGHO.

266. *Quelle est la culture du sorgho ?*

Le *sorgho* exige une terre riche ; il veut un sol bien préparé par des labours profonds. On le sème aussitôt que les gelées sont passées, en ligne espacées de 80 centimètres. Il faut donner au sorgho plusieurs binages et un buttage,

267. *Quels sont les produits du sorgho ?*

Le sorgho est cultivé pour son grain, qu'on emploie à la nourriture de la volaille, et pour ses tiges, qui servent à faire de beaux balais.

SARRASIN OU BLÉ NOIR.

268. *Quelle est la culture du sarrasin ?*

Le *sarrasin* convient à tous les sols, même aux plus légers et aux plus pauvres. Il a la propriété de ne laisser croître aucune herbe et de n'occuper le sol que peu de temps.

On sème le sarrasin après les fortes gelées ; on emploie 90 à 100 litres de semence par hectare. Sa graine est précieuse pour la nourriture des volailles; dans quelques contrées, les malheureux en ont du pain. On sème aussi le sarrasin pour être enfoui en vert. Récolté pour le grain, il donne 10 à 16 hectolitres par hectare ; le poids de l'hectolitre est d'environ 56 kilogrammes.

Les légumes farineux.

269. *Quels sont les légumes farineux?*

Les *légumes farineux* que l'on cultive en grand sont les fèves, les haricots, les pois et les lentilles.

FÈVES.

270. *Quelle est la culture des fèves ?*

Les *fèves* ou féverolles prospèrent dans le sol qui convient au blé ; elles réussissent dans les sols argileux, qu'elles préparent pour l'ensemencement du froment.

On sème les fèves au printemps, de bonne heure et en lignes, après que le sol a été préparé par des labours d'automne et d'hiver.

6

271. *Quel entretien exigent les fèves ?*

Elles exigent des sarclages, des binages et un buttage. On les écime, c'est-à-dire qu'on leur coupe la cime lorsque les gousses commencent à se former, afin de faire refluer la sève sur les gousses déjà nouées.

On cultive les fèves pour l'alimentation de l'homme. L'espèce appelée féverole est plus spécialement appliquée à la nourriture du bétail. On emploie 2 à 3 hectolitres de semence par hectare, et le rendement est de huit à douze fois la semence.

HARICOTS.

272. *Quelle est la culture des haricots?*

Les *haricots* se plaisent dans les terres légères et un peu fraîches. On les plante en ligne et sur un terrain préparé par plusieurs labours, on les sarcle et on les bine.

On connaît plusieurs variétés de haricots. On cultive en grand dans les champs les variétés naines, blanches ou colorées. La semaille des haricots a lieu dès la fin de mars.

Les haricots et les pommes de terre sont les légumes les plus précieux. Lorsqu'ils viennent à manquer, le blé éprouve une hausse sensible.

POIS.

273. *Quelle est la culture des pois?*

Les *pois* aiment un terrain chaud, contenant des principes calcaires. On les sème dès les premiers beaux jours du printemps, à la volée ou en lignes.

On cultive les pois pour le grain, qui sert à la nourriture de l'homme et des animaux, et pour le fourrage ; c'est un excellent engrais.

On emploie 2 hectolitres de semence par hectare, et le produit des pois est d'environ huit fois la semence. La variété appelée pois gris ou bisaille est particulièrement cultivée pour les animaux.

LENTILLES.

274. *Quelle est la culture des lentilles ?*

Les *lentilles* aiment un sol léger et des engrais déjà décomposés. Elles sont cultivées pour le grain, qui sert à la nourriture de l'homme, et comme engrais vert.

POIS CHICHES.

275. *Quelle est la culture des pois chiches ?*

Le *pois chiche* exige une terre sèche, calcaire, On le sème en lignes et on lui donne deux ou trois binages.

Les plantes-racines.

276. *Qu'est-ce que les plantes-racines ?*

Ce sont les plantes dont le produit principal consiste dans la racine, qui est employée pour l'alimentation de l'homme et des animaux.

277. *Quelles sont les principales plantes-racines ?*

Ce sont la pomme de terre, la betterave, la carotte, le navet, le rutabaga et le topinambour.

278. *Quels sont les avantages que présente la culture des plantes-racines?*

Les avantages que présente la culture de ces plantes sont incontestables. Elles s'intercalent très-bien dans les céréales, et, à cause des binages et des buttages qu'elles exigent, elles laissent le terrain bien net et bien ameubli. Elles donnent d'abondants et nutritifs produits pour la nourriture du bétail pendant l'hiver, et elles viennent compléter les récoltes céréales pour l'alimentation de l'homme. On ne doit pas négliger la culture de ces plantes.

La pomme de terre occupe le premier rang parmi les plantes-racines. On en connaît plusieurs variétés.

POMMES DE TERRE.

279. *Quelle est la culture de la pomme de terre ?*

La *pomme de terre* vient dans tous les pays et dans presque toutes les terres, pourvu qu'elles ne soient ni trop humides ni trop compactes. C'est dans des terrains légers que ce tubercule acquiert la meilleure qualité et qu'il est le moins sujet à la maladie.

La pomme de terre exige un sol fumé d'avance et bien préparé par plusieurs labours profonds; elle réussit parfaitement sur un défrichement.

On plante les pommes de terre en lignes à peu de profondeur, surtout lorsque la plantation a lieu après l'hiver et dans un sol un peu tenace. Les tubercules entiers donnent les plus beaux produits. Il vaut mieux planter de bonne heure que trop tard.

280. *Quels soins exige la pomme de terre ?*

Elle exige deux binages au moins et un buttage. On peut exécuter ces travaux à la charrue, à la houe à cheval, et les compléter avec des instruments à la main. La pomme de terre rend, par hectare, 225 à 300 hectolitres.

Les variétés hâtives donnent des produits moins abondants que les variétés tardives, mais elles sont plus succulentes et meilleures pour la nourriture de l'homme.

281. *Par quels moyens peut-on prévenir la maladie de la pomme de terre ?*

On ne connaît malheureusement pas encore des moyens infaillibles. Voici les meilleures précautions qu'il faut prendre pour obtenir une récolte abondante et saine :

1° Planter les pommes de terre au mois de février, au lieu d'attendre au mois d'avril ;

2° Planter de préférence dans un sol léger, sablo-calcaire et meuble ; rejeter les terres humides ;

3° Laisser entre les rangs 50 à 60 centimètres d'intervalle :

4° Mettre les tubercules sur les rangs à une distance de 30 à 33 centimètres les uns des autres ;

5° Employer les tubercules entiers, sains, de moyenne grosseur ;

6° Chauler ces tubercules avec un mélange de trois parties de chaux et une de sel dissoutes dans de l'eau ;

7° Planter dans une terre bien fumée par la récolte précédente, ou avant l'hiver avec les labours préparatoires ; ou bien planter sans fumier sur une terre neuve, mais *en façon :*

6.

8° Lorsqu'on n'a pas de terre fumée à l'avance, se servir de préférence d'engrais pulvérulents (en poudre) : poudrette, cendres, guano, etc.

282. *Si l'on n'a pas de terre fumée à l'avance et que l'on manque d'engrais pulvérulents, on ne peut donc se servir de fumier de ferme ?*

On peut se servir de fumier de ferme avec avantage, pourvu que la plantation ait lieu de la manière suivante :

1° Tracer à la charrue des raies peu profondes (6 à 7 centimètres) ;

2° Déposer les tubercules dans ces raies, et les recouvrir à la pelle d'une petite butte de terre de 8 à 10 centimètres de hauteur ;

3° Étendre le fumier sur cette espèce de taupinière ;

4° Recouvrir le fumier de terre par deux traits de charrue profonds et formant un *ados*.

BETTERAVES.

283. *Quelles sont les différentes variétés de betteraves ?*

Les principales sont la *betterave champêtre* ou *disette*, qui croît moitié hors de terre et donne d'abondants produits ; c'est celle qu'on emploie le plus pour la nourriture des animaux : la *betterave collet vert* ou de *Silésie*, s'enfonçant dans le sol ; la *betterave jaune* ou *globe jaune* ; ces deux dernières contiennent beaucoup de sucre.

284. *Quel sol exige la betterave ?*

La *betterave* exige un sol profond, ni trop humide ni trop sec, et renfermant beaucoup de terreau. Toutes les terres à blé bien ameublies, bien fumées et défoncées par des labours profonds, peuvént produire l'une ou l'autre variété de betteraves. Les premiers labours se donnent avant l'hiver ; on ne doit pas négliger les hersages ni les roulages pour mettre le terrain en bon état.

285. *Comment se fait la semaille de la betterave ?*

Elle se fait dès que les gelées sont passées, à la volée ou en lignes, sur place ou en pépinière. On emploie 10 à 12 kilogrammes de semence par hectare, en semant à la volée et sur place. On recouvre légèrement la graine.

286. *Quels soins exigent la betterave ?*

Lorsque les betteraves sont levées, s'il y a trop de plant, on donne un coup de herse pour en détruire une partie et favoriser la végétation de l'autre, puis on leur donne plusieurs binages ; au premier, on les éclaircit de nouveau, s'il y a lieu. On repique du plant dans les espaces vides. Un hectare peut produire 30 ou 40,000 kilogrammes de betteraves.

287. *Comment choisit-on les porte-graines ?*

Les *porte-graines* sont choisis parmi les plants les mieux constitués et les plus vigoureux. On les met en cave pendant l'hiver, on les repique au printemps dans un bon terrain, on les cultive et on leur donne des tuteurs pour empêcher que le vent ne les renverse. On les arrache lorsque la graine est bien mûre.

CAROTTES.

288. *Quelle est la culture de la carotte ?*

La *carotte*, cultivée pour le fourrage, est une

plante fort avantageuse. Elle exige, comme toutes
les racines pivotantes, un sol profond et de bonne
qualité. Il lui faut une terre bien ameublie par des
labours d'automne, d'hiver et de printemps, et fortement fumée à la récolte qui la précède. On sème
à la volée ou en lignes : la semaille en lignes est
préférable, parce qu'elle rend les façons d'entretien
plus faciles et moins coûteuses. La graine doit être
très-peu recouverte.

289. *Quels soins exigent les carottes ?*

Dès qu'elles sont levées, il faut les sarcler, parce
que les mauvaises herbes gêneraient le plant ou
l'étoufferaient. Plus tard, on éclaircit ; on repique
en faisant le premier binage. Il ne faut pas négliger
la main-d'œuvre, si l'on veut obtenir une bonne
récolte.

On sème quelquefois les carottes avec une céréale.
En récolte principale, on emploie environ 2 kilogrammes de graine pour un hectare, qui peut produire jusqu'à 600 et 700 hectolitres de carottes.
L'hectolitre pèse environ 55 kilogrammes.

NAVETS.

290. *Quelle est la culture du navet ?*

Les *navets* aiment particulièrement une terre légère et un peu fraîche, On les sème en récolte
principale dans la proportion de 2 à 3 kilogrammes
de semence par hectare. Les navets exigent une
terre fumée et à peu près la même que les carottes,
mais ils produisent beaucoup moins ; ils rendent de
15 à 20,000 kilogrammes par hectare.

RUTABAGAS.

291. *Quelle est la culture des rutabagas ?*

Les *rutabagas* ne réussissent bien que sur un sol riche et sous un climat humide. On les sème avant l'hiver, à raison de 2 à 4 kilogrammes par un hectare, qui peut produire de 20 à 40,000 kilogrammes.

PANAIS.

292. *Quelle est la culture du panais ?*

Le panais donne de bons produits. On le sème au mois de mars sur un sol bien ameubli et profond. On emploie de 5 à 6 kilogrammes par hectare. On bine, on sarcle et on éclaircit comme pour les carottes et les navets. Le rendement est à peu près le même que celui de la carotte.

TOPINAMBOUR.

293. *Quelle est la culture du topinambour ?*

Le *topinambour* est une plante à laquelle tous les sols conviennent. Il est employé à la nourriture de l'homme et particulièrement à celle des animaux. On cultive le topinambour comme la pomme de terre. Il donne de bons produits ; aucune maladie ne l'atteint.

C'est une plante que l'on ne cultive pas assez. On lui reproche de se reproduire annuellement et de nuire aux récoltes qui la suivent. On pourrait facilement détruire le topinambour en le faisant suivre d'un fourrage qui se fauche plusieurs fois pendant l'année.

IGNAME.

291. *Qu'est-ce que l'igname ?*

L'*igname* est une plante-racine importée de Chine, qui paraît convenir au climat et au sol de notre pays. Elle donne des produits considérables et justement estimés. Les cultivateurs ne doivent pas négliger de cultiver cette précieuse racine.

CHAPITRE XI

Les plantes commerciales et industrielles.

295. *Comment divise-t-on les plantes commerciales ?*

On les divise en plantes oléagineuses, plantes textiles et plantes tinctoriales.

Plantes oléagineuses.

296. *Qu'appelle-t-on plantes oléagineuses ?*

Ce sont celles qui produisent de la graine dont on extrait de l'huile.

297. *Quelles sont les principales ?*

Ce sont : le colza, la navette, le pavot et la cameline.

COLZA.

298. *Quelle doit être la culture du colza ?*

Le *colza* réussit bien dans les terres à froment ; il vient cependant dans les terres légères lorsqu'elles ont reçu une forte dose d'engrais.

Il y a deux sortes de colzas, le *colza d'hiver* et e *colza de printemps*.

299. *Quelle est la culture du colza d'hiver ?*

Le *colza d'hiver* se sème avant la mi-août, à raison de 7 à 8 litres par hectare. On le sème aussi en pépinière, puis on le repique en lignes au mois d'octobre. La culture en lignes est la plus longue, mais elle est la plus avantageuse. Après l'hiver, lorsque les plantes sont bien développées, on bine et on éclaircit.

300. *Quelle est la culture du colza de printemps ?*

Le *colza de printemps* demande un sol préparé par deux ou trois labours. Il vient même dans les terres humides, et donne de beaux produits dans les bois défrichés, les luzernes et les sainfoins rompus.

On sème le colza de printemps aux mois d'avril et de mai, à raison de 12 à 15 litres par hectare ; il produit environ 10 hectolitres. Le colza d'hiver donne trois fois plus.

Lorsque le colza est mûr, il faut se hâter de le rentrer, parce qu'un seul coup de vent pourrait faire perdre presque entièrement la récolte.

NAVETTE.

301. *Quelle est la culture de la navette ?*

La *navette* est moins exigeante que le colza sous le rapport de la fertilité du sol. Elle vient même dans les terres médiocres, pourvu qu'elles soient bien préparées et bien fumées.

302. *Combien y a-t-il de sortes de navettes ?*

Deux sortes, la navette d'hiver et la navette de printemps.

303. *Quelle est la culture de la navette d'hiver ?*

On sème à la volée vers la fin d'août et au commencement de septembre, à raison de 8 à 10 litres par hectare. La navette ne produit que de 10 à 14 hectolitres par hectare.

304. *Quelle est la culture de la navette de printemps ?*

La *navette de printemps* se sème au mois de mai ; elle n'occupe guère le sol que pendant deux mois. On emploie environ 8 litres de semence par hectare. Cette plante donne moitié moins que la navette d'hiver.

PAVOT OU ŒILLETTE.

305. *Quelle est la culture du pavot?*

Le *pavot* exige un sol riche, profondément labouré ; on le sème le plus souvent au mois de février, à la volée, à raison de 2 à 3 kilogrammes par hectare. Pendant le cours de la végétation du pavot, on le bine, on le sarcle, on l'éclaircit.

306. *Quelles sont les sortes de pavots ?*

Le *pavot blanc* et le *pavot à graines grises*.

Le premier donne une huile blanche qu'on emploie particulièrement dans la médecine ; l'huile du second est meilleure pour la consommation.

CAMELINE.

307. *Quelle est la culture de la cameline ?*

La *cameline* se trouve bien dans tous les sols, mais elle préfère les terres légères. On la sème à la volée au mois de mai ; on emploie de 7 à 9 litres

7

par hectare. On la récolte comme le colza, et elle produit environ 15 à 18 hectolitres par hectare.

Plantes textiles.

308. *Qu'appelle-t-on plantes textiles, et quelles sont les principales?*

Ce sont les plantes qui fournissent de la filasse, telles que le lin et le chanvre.

LIN.

309. *Quelle doit être la culture du lin?*

Le *lin* exige un sol très-propre, très-riche, très-meuble et un climat humide. Il aime un fumier fait et réussit bien sur un pré rompu, sur un défrichément de prairies artificielles, pourvu que la terre soit en bon état et que les mottes aient été cassées.

On le sème en mars, a raison de 3 à 4 kilogrammes de semence par hectare. On enterre la semence au moyen de la herse. Plusieurs sarclages lui sont nécessaires. On le cueille lorsque les feuilles commencent à jaunir.

310. *Quelle opération fait-on subir aux tiges de lin?*

Les tiges du lin, réunies en poignées après que la graine en a été extraite, subissent l'opération du rouissage. Cette opération consiste à mettre le lin dans l'eau pendant douze à quinze jours, pour que les filaments se détachent facilement de la tige.

CHANVRE.

311. *Quelle est la culture du chanvre ?*

Le *chanvre* ne réussit bien que dans les terres de première qualité, et qu'on appelle *chènevières*. Il exige une préparation soignée, des labours fréquents et profonds, des herbages, des émottages. Il est gourmand de fumier.

On sème le chanvre au mois de mai, dans la proportion de 3 hectolitres par hectare. La graine lève promptement ; les oiseaux en sont très-avides ; aussi est-il nécessaire de faire garder les chènevières jusqu'à ce que la plante couvre la terre.

312. *Comment s'opère la récolte du chanvre ?*

Elle se fait en deux fois : la femelle, c'est-à-dire les tiges qui ne portent pas de graines, se cueille au mois de juillet ; le mâle mûrit plus tard, et on l'arrache lorsque sa graine, appelée *chènevis*, est noire.

Le chanvre est, comme le lin, sujet au rouissage. Le chènevis et la graine de lin, employés comme semence, doivent être renouvelés souvent, parce que, semés sur le même sol, ils dégénèrent promptement. De ces graines on extrait de l'huile à brûler.

Plantes tinctoriales.

313. *Qu'appelle-t-on plantes tinctoriales ?*

Ce sont les plantes dont on obtient de la teinture.

314. *Quelles sont les principales ?*

La garance, la gaude, le pastel et le safran.

GARANCE.

315. *Qu'est-ce que la garance ?*

La *garance* est une plante vivace qui reste en terre environ trois ans, et dont les racines donnent une belle couleur rouge. Elle exige une terre franche, profonde et bien fumée. On la sème en avril, en lignes et par planches, à raison de 8 à 10 kilogrammes par hectare.

316. *Quels sont les soins qu'exige la garance ?*

La première année, on la sarcle plusieurs fois ; à l'automne, on répand sur les planches la terre qui se trouve entre elles ; la deuxième année, on sarcle, on bine et on chausse de nouveau ; la troisième, on récolte le fourrage, et, à la fin de l'automne, on arrache les racines et on les fait sécher.

La garance se cultive en grand en Alsace et dans le département du Vaucluse.

GAUDE.

317. *Qu'est-ce que la gaude ?*

La *gaude* est une plante des tiges et des fleurs de laquelle on extrait une belle couleur jaune.

On en connaît deux variétés : l'une d'hiver et l'autre de printemps. On la sème à raison de 5 à 6 kilogrammes de semence par hectare. Tous les sols lui conviennent.

PASTEL.

318. *Qu'est-ce que le pastel ?*

Le *pastel* est une plante dont les feuilles donnent des produits en teinture. On le cultive aussi comme fourrage. On emploie environ 12 à 15 kilogrammes par hectare. Des sarclages et des binages lui sont nécessaires.

SAFRAN.

319. *Qu'est-ce que le safran ?*

Le *safran* est une plante qui fournit une belle couleur jaune. Il exige une terre légère, chaude et sèche.

Autres plantes industrielles.

TABAC.

320. *Qu'est-ce que le tabac ?*

Le *tabac* est une plante annuelle dont les feuilles, séchées et préparées de diverses manières, donnent le tabac à fumer et à priser. On ne peut le cultiver sans l'autorisation du Gouvernement.

HOUBLON.

321. *Qu'est-ce que le houblon ?*

Le *houblon* est une plante grimpante qui peut exister de 10 à 12 ans, et dont la fleur est employée dans la fabrication de la bière.

MURIER.

322. *Qu'est-ce que le mûrier ?*

Le *mûrier* est un arbre que l'on cultive pour nourrir de sa feuille le ver à soie.

Plantes fourragères.

323. *Qu'appelle-t-on plantes fourragères ?*

Ce sont des plantes dont les tiges sont éminemment propres à la nourriture des bestiaux.

324. *Comment les divise-t-on ?*

En prairies naturelles et en prairies artificielles.

PRAIRIES NATURELLES.

325. *Qu'appelle-t-on prairies naturelles ?*

Les *prairies naturelles* se sont formées d'elles-mêmes dans des terrains bas, humides, n'ayant jamais été mis en culture. Cependant on en fait aussi par des semis. On doit en établir dans tous les terrains sujets aux inondations et dans ceux qui sont trop humides pour produire des céréales, sans de grandes dépenses.

326. *Quels sont les soins à donner aux prairies naturelles ou prés ?*

On doit toujours tenir le terrain bien nivelé, sans taupinières, sans eaux stagnantes, net de mauvaises herbes. Si l'on dispose d'un cours d'eau, il faut établir des vannes, des rigoles, de manière à pouvoir arroser tout le pré au mois d'avril et de mai. Si la prairie est basse et que l'eau y séjourne, on l'entoure de fossés pour l'assainir.

Depuis l'introduction des prairies artificielles dans la culture, les prés ont perdu de leur valeur. On a, avec raison, défriché tous ceux qui étaient susceptible d'être mis en culture.

PRAIRIES ARTIFICIELLES.

327. *Quelle est l'utilité des prairies artificielles?*

Les prairies *artificielles*, par la faculté qu'elles ont de réussir sur presque tous les sols, de les améliorer, de donner des récoltes abondantes presque sans frais, ce qui permet de nourrir beaucoup de bestiaux, et, par conséquent, de créer des engrais, ont considérablement augmenté la valeur des terres. Les prairies artificielles sont l'âme de l'agriculture.

328. *Quels sont les principaux fourrages cultivés comme prairies artificielles?*

Ce sont la luzerne, le sainfoin, le trèfle, la lupuline ou minette dorée, et les fourrages verts, tels que les pois, les vesces, les jarosses, etc.

LUZERNE.

329. *Quelle est la culture de la luzerne?*

La *luzerne* donne des produits abondants sur un sol riche, profond, bien défriché et très-propre ; elle réussit d'ailleurs dans toutes les terres, excepté dans les sols humides.

Lorsqu'on veut mettre une terre en luzerne, il

faut donc la défoncer profondément, la mettre en bon état, lui donner de bonnes fumures. Dans ces conditions, la luzerne dure longtemps et donne de belles récoltes.

On sème la luzerne au printemps ou à l'automne, le plus souvent avec une céréale, à raison de 20 à 25 kilogrammes de semence par hectare. Il doit s'écouler, avant qu'une terre soit remise en luzerne, un temps égal à celui pendant lequel elle en a primitivement porté.

TRÈFLE.

330. *Quelle est la culture du trèfle ?*

Le *trèfle* vient dans les terres froides, humides ; il fait partie d'un bon assolement. Il remplace la jachère, et ne dure guère qu'un an.

Le trèfle améliore la terre, détruit en partie les mauvaises herbes et profite aux cultures qui lui succèdent. On sème le trèfle au printemps avec une céréale. On met de 15 à 20 kilogrammes de semence par hectare. On ne doit le faire revenir sur le même sol que tous les cinq ou six ans.

Des hersages donnés au printemps à la luzerne et au trèfle leur sont favorables ; la herse détruit les mauvaises herbes, gratte la terre et divise les plantes qui, après l'opération, poussent avec plus de vigueur.

SAINFOIN.

331. *Quelle est la culture du sainfoin ?*

Le *sainfoin* est une plante qui convient aux sols

calcaires. Il refuse de venir dans les terres trop humides.

Le sainfoin exige des labours préparatoires profonds et de bonnes fumures. On sème avec une céréale, et on l'enterre à l'aide de la herse. On emploie 4 hectolitres de semence par hectare. Sur un sainfoin rompu, il vient deux ou trois belles récoltes.

En résumé, la luzerne vient à peu près partout ; le trèfle convient aux terres humides et froides, et le sainfoin aux sols légers, chauds et calcaires. La France possédant ces différents sols, aucun d'eux n'est donc impropre à être mis en prairies artificielles de l'une ou de l'autre espèce.

TRÈFLE INCARNAT.

332. *Quelle est la culture du trèfle incarnat ?*

Cette espèce se traite comme le trèfle commun ; le fourrage en est moins bon ; on la cultive pour le vert, et elle donne assez abondamment.

LUPULINE.

333. *Quelle est la culture de la lupuline ?*

Cette plante vient dans les terres calcaires et sablonneuses ; elle ne dure qu'un an. C'est un des premiers fourrages de printemps. Elle donne de bons produits. On la sème avec une céréale dans la proportion de 15 à 20 kilogrammes de semence par hectare.

VESCES.

334. *Quelle est la culture des vesces ?*

Les *vesces* se plaisent dans les terres argileuses. On les sème à l'automne ou au printemps, le plus souvent avec du seigle, pour leur servir de tuteurs. On les fait consommer en vert, en attendant que les autres fourrages puissent être coupés, et on les récolte aussi comme fourrage sec. On emploie environ 2 hectolitres de vesces pour semence par hectare.

Le mélange de vesces et de seigle se nomme *dravière*.

POIS. BISAILLE.

335. *Quelle est la culture du pois ?*

Le *pois* se plaît bien dans les terres calcaires un peu fraîches. L'espèce que l'on sème en plein champ est la *bisaille*.

La culture du pois est la même que celle des vesces ; on le sème à raison de 2 hectolitres par hectare.

EFFETS DU PLATRE SUR LES PLANTES FOURRAGÈRES.

336. *Quels effets produit le plâtre sur les plantes fourragères ?*

Le plâtre active beaucoup la végétation des plantes fourragères. On doit avoir soin d'en répandre sur la luzerne, le trèfle, le sainfoin, la lupuline, les vesces, les pois, etc., dès que ces plantes couvrent la terre de leurs feuilles, c'est-à-dire au mois d'avril. On met environ 3 à 4 hectolitres par hectare.

On porterait la récolte des fourrages à son *maximum* de produit, si l'on pouvait arroser les prairies artificielles avec du purin.

CHAPITRE XII

L'ECONOMIE RURALE.

337. *Qu'est-ce que l'économie rurale ?*

L'économie rurale est cette branche de l'agriculture qui a pour objet l'organisation et la marche d'une exploitation. Elle traite particulièrement de l'éducation du bétail, du cultivateur, des bâtiments, de l'emploi des capitaux, des propriétés, de la comptabilité.

338. *En quoi consistent les produits du cultivateur ?*

Les produits du cultivateur ne consistent pas seulement en grains, en fourrages et en légumes, l'élève et l'engraissement des bestiaux en sont aussi une branche importante, branche encore beaucoup trop négligée en France de nos jours. Cela tient, d'une part, à ce que les plantes-racines sarclées n'entrent pas assez fréquemment dans les assolements à la place de la jachère ; de l'autre, au choix peu avantageux des races de bestiaux.

CLASSIFICATION DES ANIMAUX.

339. *Comment peut-on diviser les animaux ?*

En genres, en espèces et en races.

340. *Qu'appelle-t-on genre dans les animaux?*

On donne le nom de genre à la réunion des espèces d'animaux qui se rapprochent le plus les unes des autres sous divers rapports : le cheval, le mulet et l'âne sont du même genre.

341. *Qu'appelle-t-on espèces ?*

On appelle *espèces* des troupes d'animaux se ressemblant par des caractères communs et se reproduisant entre eux avec les mêmes propriétés essentielles : le cheval et le mulet sont deux espèces bien distinctes.

342. *Qu'appelle-t-on race?*

On désigne sous le nom de *race* un groupe d'animaux qui diffèrent entre eux, soit par la taille, soit par la couleur, soit par la quantité de leurs produits, soit par les habitudes. Ainsi, pour les moutons qui forment une espèce, on a la race mérinos, la percheronne, la normande, etc. ; pour le cheval, la race arabe, l'anglaise, la berrichonne, etc.

343. *Quels noms donne-t on encore aux races ?*

On dit d'une race qu'elle est commune ou distinguée, pure ou mélangée.

344. *Comment peut-on diviser le bétail?*

On divise le bétail en trois classes : l'*espèce chevaline*, qui comprend le cheval ; l'*espèce bovine*, qui comprend le bœuf, la vache : l'*espèce ovine*, qui comprend les moutons, les brebis, que l'on désigne encore sous le nom de *bêtes à laine*.

345. *Qu'appelle-t-on croisement et métis ?*

On appelle croisement le rapprochement d'individus de différentes races. Le produit qui en provient prend le nom de métis. Ainsi, un veau provenant d'un taureau *pur sang* Durham et d'une vache normande est un métis.

CAUSES QUI MODIFIENT LES RACES.

346. *Quelles sont les causes qui influent sur les changements qu'éprouvent les races?*

Les principales causes qui tendent à changer les formes, la constitution, le tempérament, les produits des animaux pour former des races distinctes, sont le climat et le sol, la nourriture et les soins, et la génération ou reproduction.

CLIMAT ET SOL.

347. *Quelle est l'influence du climat et du sol?*

Le même climat ne convient pas indistinctement à toutes les races d'animaux. Telle race qui réussit bien sous un climat chaud, dans un pays de plaine, dégénèrera, languira dans une contrée montagneuse, sèche ou malsaine.

Une preuve que le climat et le sol sont des causes créatrices des races, c'est que, dans le Nord et dans l'Ouest, on trouve, au milieu de gras pâturages, de très-grandes races de bestiaux, tandis qu'en Sologne, pays plat cependant, mais humide, ne produisant que de maigres pâturages, on ne voit que des bestiaux très-petits.

NOURRITURES ET SOINS.

348. *Quelle est l'influence de la nourriture et des soins?*

La nourriture et les soins influent beaucoup sur

les races. Les animaux producteurs mal nourris, excédés de travail, donnent ces races chétives des pays pauvres. C'est au sein de ces grasses pâtures, de ces contrées produisant des plantes racines, qu'il faut aller chercher les plus belles races.

349. *Si la nourriture et les soins donnent de belles races et améliorent les médiocres, que faut-il en conclure ?*

Il faut en conclure que le cultivateur doit donner à ses bestiaux une nourriture substantielle, abondante, variée et saine ; qu'il doit les traiter avec douceur, comme on traite de bons serviteurs ; les tenir toujours propres et dans une habitation salubre et suffisamment spacieuse.

GÉNÉRATION OU REPRODUCTION.

350. *Comment la génération influe-t-elle sur les races ?*

L'influence de la génération sur les races repose sur le grand principe de l'*hérédité*, qu'on énonce ainsi : *Les semblables produisent des semblables ;* c'est-à-dire : *Les animaux transmettent aux animaux qu'ils produisent* leurs formes, leur constitution, leurs qualités et leurs défauts.

AMÉLIORATION DES RACES.

351. *De combien de manières peut-on améliorer les races ?*

On peut améliorer les races de trois manières :

1° En croisant entre eux les animaux du pays les plus parfaits, soit sous le rapport de leur conformation, soit sous celui de leurs produits ;

2° En important une race étrangère pour l'élever sans mélange ;

3° En croisant des animaux de races différentes, dont la femelle est en général, de la race locale.

352. *Comment peut-on améliorer la race locale ?*

L'amélioration de la race locale est peut-être celle dont les résultats sont le plus certains ; car on la connaît, on sait comment on doit la traiter et elle est habituée au climat. Cette amélioration peut être opérée par une nourriture et un régime convenables, et par le choix des plus beaux et des meilleurs *types* reproducteurs.

353. *Comment peut-on améliorer les races par l'importation ?*

L'introduction d'une race étrangère dans un pays où elle n'a jamais paru, doit se faire avec beaucoup de précautions ; elle est rarement avantageuse. Une race étrangère doit, en effet, perdre de ses qualités dans un pays où elle ne trouve pas le même climat, la même nourriture que ceux de la contrée d'où elle sort.

354. *Comment peut-on améliorer les races par le croisement ?*

L'amélioration par le croisement a pour but d'ajouter les qualités d'une race à celles d'une autre, en rapprochant ou des animaux de races différentes d'un même pays, exemple : la race normande et la flamande ; ou une race étrangère et une du pays, ou encore deux races étrangères.

355. *Quelles conditions doivent remplir les animaux reproducteurs ?*

Les animaux reproducteurs doivent être forts,

robustes, bien constitués, avoir les qualités qu'on désire rencontrer dans les animaux qu'on veut élever. On doit rejeter ceux qui sont affectés de vices particuliers, de maladies incurables, et ceux provenant de localités malsaines.

Ainsi, lorsqu'un éleveur tiendra à avoir de bonnes vaches laitières, il choisira pour reproducteurs les meilleurs types de la race sous le rapport de la production du lait. Lorsqu'au contraire l'engraissement sera son principal but, il préfèrera ceux qui sont de la plus belle grosseur, d'un accroissement rapide, et qui s'engraissent promptement sans frais extraordinaires de nourriture.

CHAPITRE XIII

CONSIDÉRATIONS PARTICULIÈRES
AUX PRINCIPALES ESPÈCES D'ANIMAUX DE FERME.

CHEVAL

356. *Quelles qualités doit posséder le cheval?*

Le cheval est le plus précieux de tous les animaux de trait. Quel que soit l'usage auquel on le destine, le cheval doit réunir la souplesse des mouvements à la force musculaire et à la bonté de l'œil. Le cheval de trait doit avoir les épaules grosses, longues, rondes et charnues.

357. *Quelle doit être la nourriture du cheval?*

La nourriture qui convient le mieux au cheval se compose de foin, d'avoine et d'orge en grains, de carottes et de son. La ration du cheval, par jour, est de 8 à 10 kilogrammes de bon foin et de 7 à 8 litres d'avoine, ou l'équivalent en d'autres substances. Au printemps, on le met au vert, en ayant soin de ne pas passer subitement d'un genre de nourriture à un autre.

358. *Quels soins exige le cheval?*

On doit donner chaque jour au cheval une couche de litière fraîche; on l'étrille tous les matins au moins, et, lorsqu'il arrive du travail mouillé ou en sueur, on le bouchonne; on lui jette une couverture sur le dos et on évite de le placer dans un courant d'air. Les bains lui sont très-favorables en été, mais on ne doit lui en faire prendre que lorsqu'il n'a pas trop chaud.

359. *Quelles sont les maladies auxquelles les chevaux sont le plus communément exposés?*

Ces maladies sont : les *affections de poitrine*, la *gourme*, la *morve*, les *coliques*, la *diarrhée*, la *courbature*, les *maladies d'yeux*.

MULET, BARDEAU ET ANE.

360. *Qu'est-ce que le mulet, le bardeau et l'âne ?*

Le mulet est le produit d'un âne et d'une jument, et le bardeau est celui du cheval et de l'ânesse. Ces animaux ne reproduisent pas leurs espèces.

361. *Quels sont les pays où l'on se sert le plus souvent de ces animaux.*

Ce sont les pays montagneux, à cause de l'avantage qu'ont le mulet, le bardeau et l'âne de pouvoir grimper les côtes et de porter des fardeaux. Leur nourriture n'est pas aussi coûteuse que celle du cheval.

ESPÈCE BOVINE.

362. *Sous combien de points de vue peut-on considérer l'éducation de la race bovine?*

Sous trois points de vue : l'engraissement, la production du lait, la production du travail.

363. *Quelles sont les races propres à l'engraissement?*

Certaines races, celles de Normandie et du Charolais, par exemple, ainsi que la race Durham, importée d'Angleterre, sont surtout propres à l'engraissement. C'est donc par ces races que le cultivateur doit améliorer celle du pays, s'il élève des bestiaux pour la boucherie. Les animaux d'engrais se reconnaissent à la démarche lente, à l'œil langoureux, au poitrail et à la croupe larges, à la peau douce.

364. *Quelle est la nourriture des bêtes à l'engrais?*

La nourriture des bêtes à l'engrais doit être graduée, abondante et nutritive. On doit donner aux animaux, dans le commencement, les aliments les moins nutritifs, les fourrages, par exemple; puis on finit par des racines crues, cuites, les farines de seigle, de sarrasin et de maïs, les tourteaux de chènevis, de navette, de colza, de noix. On ne les soumet pas au rationnement; on excite, au contraire, leur appétit par divers moyens. Plus ils consomment en peu de temps, plus vite les animaux s'engraissent, plus tôt on rentre dans les dépenses qu'ils ont occasionnées.

365. *Quelles sont les qualités des bêtes bovines sous le rapport de la production du lait?*

Les races flamandes, hollandaises et suisses se distinguent par la production du lait. Dans la race du pays, on peut aussi trouver de bonnes laitières, dont on doit chercher à avoir des produits. Les signes généraux distinctifs d'une bonne vache laitière sont une peau lisse, un air doux, de gros vaisseaux sous le pis, un ventre large à la partie supérieure, des mamelles grandes et molles, des cornes courtes, un poitrail te des épaules charnues.

Dès qu'une vache a un défaut capital ou qu'elle ne donne pas assez de lait, on l'engraisse et on la vend au boucher.

366. *Quelle est la nourriture qui convient aux bêtes bovines?*

Tous les fourrages secs et verts, la paille hachée et mélangée à de l'herbe, les plantes-racines crues ou cuites, les regains verts ou secs, les pâturages sains.

367. *Doit-on élever les veaux ?*

On ne doit élever que les veaux qui sont d'une bonne conformation et qui ont des signes caractéristiques de la race qu'on tient à perfectionner ; on vend les autres.

368. *Quelles sont les qualités des bêtes bovines sous le rapport de la production du travail ?*

Les races du Morvan sont excellentes pour le travail. Les signes distinctifs des bêtes de trait sont : une charpente osseuse, un poitrail bien développé, de larges épaules, des jambes solides et bien conformées.

La nourriture des bêtes de trait doit être bonne et réglée comme les heures du travail auquel on les soumet.

369. *Quelles sont les principales maladies auxquelles les bêtes bovines sont exposées ?*

La péripneumonie, occasionnée par une mauvaise nourriture, et le passage subit du chaud au froid ; l'épilepsie, ou mal caduc.

Lorsque les vaches et les bœufs de trait sont hors d'état de travailler, on en tire parti en les engraissant.

BÊTES OVINES OU BÊTES A LAINE.

370. *Quelles sont les principales races de bêtes à laine ?*

On en connaît quatre : 1° la race commune ; 2° la race mérinos ; 3° les races anglaises, dont les plus communes sont celles de Dishley ; 4° la race métisse, produit du croisement des mérinos, soit avec la race commune, soit avec l'une des races anglaises.

La race commune produit la laine la plus grossière et les bêtes les plus petites ; mais elle a l'avantage de réussir même sur les plus maigres pâturages ; elle est préférée dans les pays montagneux, où les autres races dépérissent.

371. *Quels sont les caractères distinctifs de ces races ?*

La race mérinos se fait remarquer par la finesse de sa laine frisée. Cette race ne prospère que sur des pâturages sains et riches.

Les races anglaises ont une mèche assez serrée et assez fine : elles réussissent bien en France et sont faciles à engraisser.

Les métis sont plus rustiques que les mérinos, dont ils se rapprochent par la finesse de leur laine. Ils sont avantageux pour la production de la viande.

372. *Quelle est la nourriture des bêtes à laine ?*

On nourrit les bêtes à laine, soit sur des pâturages naturels, soit sur des bruyères, soit sur des terres en jachère, soit sur des prairies artificielles, soit à l'écurie. Les bêtes qui vivent dans les prairies basses et humides sont sujettes à une maladie incurable, appelée *cachexie* ou *pourriture*.

Le foin, les racines, la pomme de terre, le son, la feuille coupée en septembre et en octobre, la paille, servent de nourriture aux bêtes à laine pendant l'hiver.

373. *Quels soins demandent les brebis pendant le temps de la gestation et de l'agnelage?*

Elles demandent à être menées avec douceur et une nourriture particulière et supplémentaire ; si on les néglige, elles n'ont pas de lait, leurs agneaux sont chétifs et ne viennent pas à profit.

374. *A quelles maladies sont exposées les bêtes à laine ?*

Elles sont exposées à la *cachexie,* au *tournis,* à la *gale,* au *piétin,* à la *clavelée,* etc.

Lorsque le cultivateur a pris toutes les précautions nécessaires pour assurer à ses bestiaux un logement et une nourriture convenables, qu'il les a traités avec tous les ménagements désirables, et que, malgré tous ses soins, les maladies les atteignent, il n'a aucun reproche à s'adresser. Il a recours à un vétérinaire, et il agit suivant ses prescriptions.

LE PORC.

375. *Quelles sont les qualités du porc ?*

Le porc est un animal précieux. On le nourrit avec une foule de matières sans valeur, et il donne une viande qui alimente les ménages de la campagne et une partie de ceux des villes. Le mâle se nomme *verrat,* la femelle *truie.*

376. *Quelles sont les meilleures races?*

Les meilleures races sont celles à jambes courtes, à reins larges, aux membres ramassés, elles s'engraissent plus vite et avec moins de nourriture que les races à jambes hautes et au corps allongé.

377. *Quelle est la nourriture des porcs?*

On les nourrit de pommes de terre, de son, de grains et de farine d'orge et de sarrasin, de laitage caillé, et de glands dans les pays de bois.

377 (*bis*). *A quelles maladies les porcs sont-ils exposés?*

I!s sont exposés à la *ladrerie* et à la *soie* ou *soyon*. La *ladrerie* est causée par des vers qui se développent dans tous les organes de l'animal qui devient triste, maigre et dont les soies s'arrachent facilement. C'est une maladie mortelle. En tout cas, il est bon de consulter le vétérinaire. La *soie* ou *soyon* est une maladie qui a son siége près du cou dans l'implantation des soies.

CHAPITRE XIV

LES BATIMENTS.

278. *Quelle doit être l'habitation du cultivateur ?*

L'habitation du cultivateur doit être en rapport avec les propriétés qu'il exploite et les bestiaux qu'il possède. Il est nécessaire que les bâtiments soient disposés de telle sorte que la surveillance puisse s'exercer promptement et facilement sur toutes leurs parties.

279. *Quelles sont les conditions générales de salubrité que doit présenter un logement de cultivateur :*

1° Par rapport à l'air ?

1° Exposition au *midi* et à l'*est ;*

2° Voisinage des eaux courantes et éloignement des eaux stagnantes;

3° Plantations faites entre les vents chauds et les bâtiments, si ceux-ci sont isolés ;

4° Abri du côté du nord dans les pays froids et humides ;

5° Exposition opposée à la source des miasmes dans les pays marécageux ;

6° Plafond haut dans l'habitation des bestiaux ;

7° Ventilation suffisante et rapprochée du plafond, pour que le courant d'air ait lieu au-dessus de la tête des bestiaux ;

8° Ouvertures au midi disposées exprès pour

8

modérer l'entrée de la chaleur, de l'air et de la lumière ;

9° Surface et volume d'air dans les écuries, les étables et les bergeries, en rapport avec le nombre des animaux qu'ils renferment :

Une vache exige une espace de $1^m,50$ sur $2^m,40$ y compris l'auge et le râtelier ; un bœuf $1^m,35$ sur $2^m,40$; la hauteur de l'étable doit avoir de 3 mètres à $3^m,50$. Le cheval exige un espace de $1^m,50$ sur 5 mètres de long. La hauteur des écuries doit atteindre de $4^m,50$ à 6 mètres. Le cheval a besoin d'une énorme quantité d'air, on l'évalue à 30 mètres cubes par heure et par cheval, donc un renouvellement de l'air est absolument nécessaire.

En général une grande partie des maladies du bétail n'a d'autre cause que la présence d'un air vicié dans les logements où on a la mauvaise habitude de les entasser.

380. *2° Par rapport à l'humidité ?*

1° Sol légèrement incliné pour que dans les écuries et les étables, l'urine des bestiaux puisse s'écouler facilement dans des fosses hors de leurs habitations ;

2° Élévation au-dessus du sol ;

3° Murs dégagés à l'extérieur des terres qui pourraient leur communiquer de l'humidité ;

4° Sous-sol sain ;

5° Éloignement de plantation donnant trop d'ombrage et conservant une trop grande humidité aux bâtiments qui les avoisinent.

381. *Quels noms donne-t-on aux logements des bestiaux ?*

On donne le nom d'*écurie* au logement des chevaux, d'*étable*, à celui des bœufs et des vaches, de *bergerie* à celui des bêtes à laine, de *porcherie* à celui des porcs, de *poulailler* à celui des volailles.

En général, dans les campagnes, les écuries, les étables et les bergeries sont basses, privées de fenêtres et de ventilateurs qui permettent d'y renouveler l'air et la lumière, dont les bestiaux ont aussi besoin que les hommes. Cela occasionne souvent des maladies qui déciment les animaux domestiques.

Les propriétés.

382. *Quel est l'intérêt du cultivateur ?*

Si un cultivateur exploite des terres qui lui appartiennent, il doit chercher à en tirer le meilleur parti possible par l'ensemble des moyens qui ont été déjà indiqués. Il ne doit pas craindre d'y faire de sages améliorations, puisque lui ou ses enfants en profiteront tôt ou tard.

S'il veut être fermier, avant de prendre à bail une exploitation, il est de son intérêt d'en étudier tous les détails.

383. *Quelles sont les principales conditions que doit réunir une exploitation pour être avantageuse ?*

1° Sol d'une bonne qualité et d'une culture facile ;

2° Réunion en un seul tenant, ou du moins en grandes pièces, des différentes parties de la ferme ;

3° Bâtiments suffisants, sains, bien distribués, à la portée des terres et d'un accès facile ;

4° Eaux saines, suffisantes et de sources intarissables ;

5° Bons chemins d'exploitation ;

6° Communications faciles avec les villes les plus voisines où se trouvent les marchés ;

7° Facilité pour l'écoulement des produits ;

8° Terres non sujettes aux inondations.

384. *Quelle devrait être la durée d'un bail ?*

Dans l'intérêt du propriétaire et du fermier, la durée d'un bail de terre ne devrait jamais être inférieure à dix ans. Pendant cet espace de temps, le fermier fait dans les propriétés louées des améliorations réelles et progressives dont il peut profiter. Si le bail est de courte durée, au lieu d'y faire des améliorations durables, dont les profits passeraient à son successeur ou au propriétaire, il épuise quelquefois le sol sans beaucoup s'enrichir lui-même.

385. *Quelle est la formule d'un bail sous seing privé ?*

Voici un exemple de formule d'un bail de terre sous seing privé :

FORMULE D'UN BAIL DE TERRE.

Les soussignés :

1° M. Charles Bertrand, propriétaire, demeurant à Sens, d'une part ;

2° Et M. Victor-Emmanuel Simonneau, cultivateur, domicilié à Villeneuve-sur-Yonne, d'autre part.

Ont fait le bail suivant :

M. Bertrand donne à loyer, pour dix-huit années et dix-huit récoltes consécutives, qui commenceront par la récolte de mil huit cent quatre-vingt, et finiront par celle de mil huit cent quatre-vingt-dix-huit, pour entrer en exploitation par les jachères de mil huit cent soixante dix-neuf et faire les premières semailles d'automne la même année.

A M. Simonneau, qui accepte, les différentes pièces de terre et prés dont la désignation suit : (Faire le détail.)

CONDITIONS.

Ce bail est fait aux charges et conditions suivantes, que le preneur s'oblige d'exécuter et d'accomplir :

1º De prendre les biens dans l'état où ils se trouvent actuellement ;

2º De bien labourer, fumer et ensemencer les terres en temps et saisons convenables, sans pouvoir les dessoler ni les dessaisonner, et de les rendre à la fin du bail en bon état;

3º D'entretenir les fossés qui entourent les propriétés louées, ainsi que les vannes et ponceaux qui se trouvent dans les prés ;

4º De détruire chaque année les taupinières des prairies ;

5º De n'arracher, couper, ni étêter aucun arbre fruitier ou autre, sans la permission du bailleur ;

6º De souffrir que le bailleur fasse planter telles espèces d'arbres qu'il voudra sur les propriétés louées présentement;

7º De ne pouvoir céder son droit au présent bail sans le consentement écrit du bailleur ;

8° De payer les droits d'enregistrement auxquels les présentes donneront lieu ; 9º, etc.

En outre, ce bail est fait moyennant un fermage

annuel de mille francs, que M. Simonneau s'oblige
de payer à M. Bertrand en son domicile, à Sens, en
un seul payement, le vingt-cinq décembre de chaque
année ; pour le premier payement avoir lieu le
vingt-cinq décembre mil huit cent quatre-vingt, et
les autres être effectués à la même époque des
années subséquentes.

Fait double à   le

(Signature.)

NOTA. — Dans un acte sous-seing privé, les dates
et les sommes doivent être écrites *en toutes lettres*
et non *en chiffres*.

La partie contractante qui n'écrit pas l'acte doit
en *approuver l'écriture*.

Les renvois et les mots rayés ont aussi besoin
d'être *approuvés*. On a *trois mois* pour faire enre-
gistrer un acte sous-seing privé ; passé ce délai, on
paie *doubles droits*.

LES CAPITAUX.

386. *Quelle est la nécessité des capitaux ?*

En agriculture, pour avoir des produits, il faut
faire des avances. Conséquemment, tout cultivateur doit posséder un capital en nature (instruments
aratoires, etc.) et un numéraire en rapport avec
les propriétés qu'il fait valoir, sinon il ne peut profiter des temps favorables pour acheter et vendre
ses produits. D'un autre côté, si son matériel est
insuffisant, ses travaux ne seront pas fait convenablement, et ses terres mal soignées, rendront à
peine les frais qu'elles auront occasionnés. Cepen-

dant il ne faut pas consacrer à une exploitation plus de capitaux qu'elle n'en exige réellement ; dans l'un et l'autre cas, on court à sa ruine.

LES TRAVAUX.

387. *Quelles sont les règles qui doivent présider à une bonne distribution du travail ?*

Les voici :

1° Appliquer chaque ouvrier à sa spécialité ;

2° Mettre assez d'ouvriers pour faire l'ouvrage, mais ne pas prodiguer les bras.

3° Faire les travaux chacun en sa saison.

4° Exécuter les travaux les plus pressés les premiers.

5° Réserver pour les mauvais temps les travaux qui peuvent être exécutés à couvert ;

6° Ne jamais remettre au lendemain les travaux pressants que l'on peut exécuter immédiatement.

LA COMPTABILITÉ AGRICOLE.

388. *Pourquoi le cultivateur doit-il se rendre compte du prix de revient de ses produits ?*

Lorsque le cultivateur a avancé son capital et qu'il l'a dispersé sur les différentes parties de son exploitation, il est de toute nécessité pour lui qu'il le suive pas à pas dans toutes ses transformations. Il faut qu'il puisse connaître à temps les branches de son industrie qui lui présentent le plus de bénéfices nets, et celles qui lui donnent de la perte. S'il ne se rend pas un compte exact du *prix de revient* de ses produits, il risque de faire fausse route.

389. *Comment le cultivateur peut-il se rendre compte de ses opérations ?*

En tenant une comptabilité régulière.

390. *Qu'est-ce que tenir une comptabilité ?*

C'est constater journellement sur des registres spéciaux l'emploi de son argent, de ses denrées et de son travail, ses recettes et dépenses de toute nature, ses profits et ses pertes, et appliquer chaque chose au compte qui lui convient, de manière qu'on puisse, quand on le veut, connaître la situation de ses affaires en général, et de chaque partie de son exploitation en particulier.

391. *Quelle est la première chose que doive faire un cultivateur qui entre dans la culture ?*

Il doit commencer par dresser un inventaire exact et détaillé de tout ce qu'il possède, et renouveler cette opération chaque année.

392. *Quels sont les principaux comptes qu'il lui importe d'ouvrir ?*

Ce sont les comptes de *dépenses de ménage, de main-d'œuvre, d'animaux de trait, d'animaux de rente, de culture, de caisse, de mobilier personnel, de matériel d'exploitation, d'effets à recevoir, d'effets à payer, de profits et pertes, etc.*

CHAPITRE XV

JARDINAGE. — FLORICULTURE. — ARBORICULTURE.

Jardinage.

393. *Quelle est l'utilité d'un jardin pour le cultivateur?*

Un jardin potager et fruitier est très-avantageux pour le cultivateur.

Il trouve chaque jour dans un jardin bien entretenu, des légumes de toutes les saisons qui lui permettent d'alimenter son ménage, de varier sa nourriture et d'économiser d'autres substances qu'il peut livrer à la vente.

394. *Est-il difficile à chaque cultivateur d'avoir un jardin ?*

Non, car dans les campagnes chacun possède à côté de sa maison un coin de terre souvent improductif. On pourrait le clore et le convertir en jardin. Pour le vigneron et le cultivateur, l'entretien d'un jardin n'est pas dispendieux, car ils possèdent le fumier, et ils peuvent faire eux-mêmes les travaux de toutes sortes dans les instants perdus.

CHOIX DU TERRAIN.

395. *Quel emplacement faut-il choisir pour l'établissement d'un jardin ?*

Il faut choisir le meilleur terrain et le plus près de la maison d'habitation. Le sol doit, autant que possible, avoir une couche profonde de bonne terre et n'être ni trop tenace, ni trop léger, ni trop sec. L'eau doit traverser le jardin, ou s'y trouver à peu de profondeur.

396. *Lorsque le terrain ne réunit pas les conditions désirables, que doit-on faire ?*

On l'amende par les moyens qui ont été déjà indiqués en parlant des différents sols. S'il est trop tenace, on y mélange de la chaux et on retourne profondément la terre la veille de l'hiver. On l'assainit en l'entourant de fossés, s'il est trop humide, etc.

TRAVAUX PRÉPARATOIRES.

397. *Quels travaux exige la création d'un jardin ?*

Avant tout, un jardin doit être clos, soit de murs, soit de haies sèches, soit de haies vives. Les murs sont préférables. Le terrain doit être entièrement défoncé, à un mètre de profondeur si la terre est bonne jusque-là, afin que les racines des arbres et des plantes puissent se développer facilement dans une terre remuée. On nettoie parfaitement la terre en la débarrassant de toutes les racines et de toutes les pierres qu'elle contient.

DISTRIBUTION DU TERRAIN.

398. *Comment doit-on distribuer le terrain ?*

On doit établir des allées principales, bien droites et d'une largeur suffisante pour que la brouette puisse y circuler facilement. Les parties comprises entre les allées s'appellent carrés. Ils doivent être entourés de plates-bandes sur lesquelles on plante des arbres en buisson, en quenouille et en contre-espalier. Le long des allées, et pour soutenir la terre, on plante des bordures de buis, de fraisier, d'oseille, etc.

Pour faciliter la culture des légumes, chaque carré doit être divisé en planches égales de 2 m. à 2 m. 20. Si un cours d'eau ne traverse pas le jardin, un puits doit être établi au centre ; un réservoir ou des tonneaux se trouveront à côté pour recevoir l'eau que l'on doit exposer au soleil avant d'arroser.

LES ENGRAIS.

399. *Quels sont les engrais que l'on emploie dans les jardins?*

On emploie les fumiers et les poudrettes. On se sert de fumier bien décomposé, parce qu'il produit une action immédiate et qu'il ne favorise pas la croissance des mauvaises herbes.

Pour les couches, cependant, on fait usage de fumier de cheval ou de mouton non décomposé. La poudrette, les excréments des oiseaux sont d'excellents engrais. On utilise avantageusement les

feuilles des arbres et des plantes en les laissant
fermenter dans des fosses ; elles forment une espèce de terreau végétal sans odeur désagréable.

SOINS A DONNER A UN JARDIN

400. *Quels sont les soins à donner à un jardin ?*

Ils se rapportent ou au sol ou aux plantes. Les
soins qu'exige le sol consistent dans les labours,
les sarclages et les binages ; ceux qu'exigent les
plantes sont l'arrosage et l'échenillage.

401. *Quelle est la façon des labours, des sarclages et des
binages ?*

Les labours du jardin se font à l'aide de la bêche
et de la pioche. Biner, c'est donner une seconde
ou une troisième façon à une terre déjà labourée.
On sarcle, c'est-à-dire on débarrasse le sol de
toutes les mauvaises herbes, qui l'épuiseraient et
étoufferaient les plantes.

ARROSAGE.

402. *Qu'est-ce que l'arrosage ?*

L'arrosage est une des opérations les plus importantes du jardinage. On ne doit se servir pour
arroser que d'eau exposée au soleil pendant
quelques heures. Dans les grandes chaleurs, les
arrosages ont lieu le soir. Au printemps, on arrose
au milieu du jour, et le matin en automne.

Lorsqu'on peut faire arriver l'eau dans les carrés
du jardin par des tuyaux ou des conduits qui lon-
gent les allées, on ne doit pas le négliger, car on
s'économise du travail et du temps.

MOYENS D'ACTIVER LA VÉGÉTATION DES PLANTES.

403. *Comment peut-on activer la végétation des plantes?*

En leur communiquant une chaleur artificielle. Ainsi, on fait lever rapidement les semis en semant sur *ados* et sur *couches*, et on fait croître vivement les plantes semées ou repiquées, en les abritant contre les vents froids au moyen des *paillassons*, des *cloches*, des *châssis*, des *brise-vent*.

ADOS.

404. *Qu'est-ce que l'ados ?*

L'*ados* est une portion de terrain adossée à un abri ou inclinée de manière à recevoir plus directement les rayons du soleil. Les semis sur ados lèvent promptement. L'ados doit être d'autant plus incliné que la saison est plus froide.

COUCHES.

405. *Qu'appelle-t-on couches?*

Les *couches* sont des fosses remplies de fumier chaud qui entretient un foyer de chaleur au pied des semis. Quelquefois le fumier est placé sur le sol : il est alors soutenu par des planches : c'est ce qu'on appelle des couches en *plein air*. Les autres sont appelées *couches sourdes*.

406. *Comment s'opère la construction d'une couche?*

Au commencement du printemps, on creuse une fosse profonde de 50 centimètres, large de $0^m,30$ et

9

d'une longueur double ; on la remplit de fumier de cheval, de mulet ou d'âne, ou même de mouton, pris sous le pied des bestiaux et peu consommé. On l'étend uniformément dans la fosse, et on le recouvre de terreau. On attend quelques jours, et on sème. A la fin de la saison, le fumier est converti en terreau.

PAILLASSONS.

407. *A quoi servent les paillassons?*

On fabrique les paillassons avec des poignées de paille de seigle qu'on lie les unes aux autres avec de la ficelle, et quelquefois avec de l'osier. On les emploie à couvrir les semis pendant les nuits froides, et pour les préserver du vent du nord pendant la journée.

CLOCHES.

408. *Quelle est l'utilité des cloches?*

Les cloches sont en verre ; elles servent à couvrir les jeunes plants, à concentrer sur eux la chaleur de la couche, à les préserver du froid et des pluies battantes, sans les priver des rayons du soleil et de l'influence de la lumière.

On appelle *verrines* les cloches formées de plusieurs pièces.

CHASSIS.

409. *Quelle est l'utilité des châssis?*

Les châssis sont des espèces de croisées que l'on

place sur les couches, et qui les couvrent totale-
ment. Ils produisent le même effet que les cloches.
Pendant le jour, on lève l'un des côtés du châssis
pour donner de l'air à la couche.

BRISE-VENT.

410. *A quoi servent les brise-vent ?*

Les meilleurs brise-vent sont les murs. On en
fait avec de la paille de seigle que l'on étend entre
des lattes. On soutient les brise-vent avec des
pieux. Ils servent à protéger les plants contre le
vent du nord.

SEMIS-REPIQUAGE.

411. *Quelle est la façon des semis ?*

On sème à la volée ou bien on dépose la graine
dans de petites rigoles ou dans de petits trous ;
plus elle est fine, plus elle doit être légèrement
recouverte. On ne doit semer que des graines
mûres et bien nourries.

412. *Qu'est-ce que semer sur place ?*

C'est semer sur un terrain où les plantes arrivent à leur complet développement.

413. *Qu'est-ce que semer pour repiquer ?*

C'est semer dans un endroit, sur une couche, par
exemple, d'où les plants seront arrachés pour être
repiqués à distance dans une autre partie du jardin.
L'opération s'appelle *repiquage*.

414. *Quelles précautions doit-on prendre dans le repiquage ?*

On doit arracher le plant sans en blesser les

racines. On le repique dans un terrain bien préparé et fumé ; on profite, pour le repiquage, d'un temps doux, couvert ; on a soin d'arroser les plants après qu'ils sont repiqués.

Les semis ont besoin d'être éclaircis lorsqu'on a *semé trop dru*. On a soin d'arracher toutes les mauvaises herbes, qui couvriraient bientôt tous les jeunes plants et nuiraient à leur croissance.

RÉCOLTE ET CONSERVATION DES GRAINES.

415. *Quel doit être le choix des porte-graines et la récolte des graines ?*

Les porte-graines sont des plants que l'on destine à fournir les semences de l'année suivante. On doit choisir pour porte-graines les sujets les plus beaux ; on récolte leurs graines au fur et à mesure qu'elles mûrissent. Après les avoir fait sécher et les avoir nettoyées, on les met dans de petits sacs en toile ou en papier fort, que l'on étiquette.

INSTRUMENTS DU JARDINAGE.

416. *Quels sont les principaux instruments du jardinier ?*

Ce sont : la bêche, la pioche, la houe, la binette, le sarcloir, le rateau, la ratissoire, qui servent aux cultures ; la serpette, le sécateur, la serpe, le croissant, qu'on emploie dans la taille des arbres et arbustes ; le cueilloir, l'échenilloir et l'arrosoir.

417. *Quel est l'usage de ces instruments ?*

La bêche, la houe et la pioche servent pour les grosses façons culturales ; la binette sert à remuer légèrement la terre travaillée. On emploie le rateau pour unir et égaliser la terre, la ratissoire pour nettoyer les allées, le sarcloir pour enlever les mauvaises herbes, et l'arrosoir pour arroser les plantes. On fait usage de la serpette et du sécateur pour tailler la vigne et les arbres, de la serpe pour couper les grosses branches, du croissant pour tailler les haies et les arbres à hautes tiges. Avec l'échenilloir on enlève des nids de chenilles ; le cueilloir sert pour cueillir les fruits situés au bout des branches qu'on ne pourrait atteindre sans risquer de les casser.

CHAPITRE XVI

CULTURE SPÉCIALE DES PLANTES POTAGÈRES.

418. *Comment peut-on classer les plantes potagères ?*

On peut les classer ainsi : 1° plantes dont on mange les racines ; 2° plantes dont on mange les fleurs ; 3° plantes dont on mange les fruits ou graines ; 4° plantes dont on mange les feuilles, la tige ou toutes les parties.

PLANTES DONT ON MANGE LES RACINES.

419. *Comment peut-on diviser les plantes dont l'homme mange les racines ?*

On peut les grouper de cette manière : 1° plantes à racines tubéreuses ; 2° plantes à racines pivotantes ; 3° plantes bulbeuses.

PLANTES A RACINES TUBÉREUSES.

POMME DE TERRE.

420. *Quelle est la culture de la pomme de terre dans les jardins ?*

On ne plante guère dans les jardins que la pomme de terre hâtive : on la soigne comme dans les champs.

TOPINAMBOUR.

421. *Quelle est la culture du topinambour dans les jardins?*

Cette plante ne se cultive guère dans les jardins, elle vient sans difficultés dans les champs. Elle est moins bonne que la pomme de terre pour la cuisine.

PLANTES A RACINES PIVOTANTES, CHARNUES.

CAROTTE.

422. *Quelle est la culture de la carotte dans les jardins?*

On sème la carotte à la fin de février et au commencement de mars ; on peut même la semer en septembre. Dans ce cas, on l'abrite pendant l'hiver, et elle est bonne à manger au printemps.

Elle exige un sol profond, fumé à l'avance et ayant reçu plusieurs labours. Le semis doit être épais. On éclaircit quand les carottes ont la grosseur du doigt, en arrachant les plus chétives.

BETTERAVE.

423. *Quelle est la culture de la betterave dans les jardins?*

La betterave se cultive plutôt dans les champs que dans les jardins. On la traite dans le potager de même que dans les champs.

PANAIS.

424. *Quelle est la culture du panais dans les jardins?*

On sème le panais au commencement du printemps. Il vient bien sur tous les terrains ; il exige à peu près les mêmes soins que la carotte, avec laquelle on le sème quelquefois.

NAVET.

425. *Quelle est la culture du navet dans les jardins ?*

On sème le navet à partir du mois de mars ; on emploie de la vieille graine, parce qu'elle donne des navets moins sujets à monter. Les navets, pour qu'ils soient bons, sans mauvais goût, doivent être mis sur un terrain léger, sec, sablonneux.

SALSIFIS,

426. *Quelle est la culture du salsifis ?*

Le salsifis demande un terrain meuble, profond et frais ; on peut le semer depuis mars jusqu'en septembre ; on le met en lignes ; il passe très-bien l'hiver. Il y a une espèce de salsifis qu'on appelle scorsonère, dont la racine est plus grosse et qui a une écorce plus noire que celle du salsifis ordinaire.

RADIS.

427. *Quelle est la culture du radis ?*

Le radis vient très-promptement. Aussi en sème-t-on peu à la fois, mais souvent. On peut en avoir toute l'année : l'hiver on le met sous couche ; l'été on sème en pleine terre, à l'ombre : on l'arrose souvent pour qu'il ne durcisse pas et ne soit pas acide.

RAIFORT, RADIS NOIR OU GROS RADIS.

428. *Quelle est la culture du raifort?*

Cette espèce de radis se sème de juin en août ; il a une grosse racine ; il peut se conserver tout l'hiver dans un sable frais.

RAVE.

429. *Quelle est la culture de la rave?*

On cultive la rave dans les champs plus que dans les jardins. On connaît des variétés hâtives et des variétés d'hiver. La rave est un bon légume qui se conserve bien pendant les froids ; elle aime un sol léger, sablonneux et meuble.

CÉLERI-RAVE.

430. *Quelle est la culture du céleri-rave ?*

Il veut une terre fraîche et profonde. On le sème au printemps sur couche ; on repique les plants en lignes à une distance de 40 à 50 centimètres, après en avoir retranché toutes les racines latérales et les grandes feuilles. On les bine deux ou trois fois.

PLANTES POTAGÈRES BULBEUSES.

AIL.

431. *Quelle est la culture de l'ail ?*

Il vaut mieux planter l'ail que le semer. On plante des gousses au printemps, en ayant soin de placer

9.

la tête en haut, à environ 8 centimètres de profondeur et 12 à 15 de distance. Quand les feuilles sont sèches, on arrache la bulbe. Un terrain léger, sec, convient à l'ail.

ÉCHALOTE.

432. *Quelle est la culture de l'échalote?*

On plante, au mois de mars, des gousses ou caïeux d'échalote à 10 centimètres au plus de profondeur. Cette plante exige un terrain sec et peu fumé.

OIGNON.

433. *Quelle est la culture de l'oignon?*

On sème l'oignon en mars, en place ou en pépinière, pour le repiquer ensuite sur un autre sol. Il demande un terrain bien propre et un engrais bien décomposé. Après la semaille, on passe le râteau et le rouleau pour unir et serrer le terrain. A l'automne, on tortille la tige des oignons pour les faire mûrir plus vite.

PLANTES DONT ON MANGE LES FLEURS.

ARTICHAUT.

434. *Quelle est la culture des artichauts?*

On multiplie les *artichauts* par le moyen des œilletons que l'on détache des vieux pieds qui ont passé l'hiver. On appelle *œilletons* de jeunes rameaux qui partent du collet de l'artichaut.

On plante les œilletons au printemps ou à l'automne, à environ 80 centimètres de distance. L'artichaut aime une terre franche, profonde et bien défoncée. A chaque pied on met une poignée de fumier et on arrose souvent. A l'approche de l'hiver, on butte les pieds d'artichaut et on les recouvre de paille sèche; après l'hiver, on les dégage, on coupe les feuilles jaunes et on détache les œilletons. Un pied d'artichaut dure environ trois ans.

CHOU-FLEUR.

435. *Quelle est la culture du chou-fleur?*

Le chou-fleur aime l'humidité et une terre riche. Pour avoir des choux-fleurs en été, on sème sur couche au commencement de janvier ou à la fin de février, puis on repique. On sème en juin pour en avoir en automne; ceux d'hiver se sèment en septembre, mais il faut les préserver des gelées par des abris.

Le *brocoli* est une espèce particulière de chou-fleur qui se cultive comme le précédent.

PLANTES DONT ON MANGE LES FRUITS.

MELON.

436. *Quelle est la culture du melon ?*

Les melons viennent en pleine terre dans le Midi, et sur couche dans le Nord. Les plus succulents sont les *cantaloups*. On commence à semer sur couche dès la fin de février; après les semis, on recouvre les châssis de paillassons, puis, lorsque les melons sont levés, on les habitue peu à peu à la lumière, en soulevant les paillassons, et à l'air en ouvrant les châssis dans la journée. On repique ensuite les plants dans les pots.

437. *Comment doit-on traiter les melons quand ils sont levés ?*

Lorsque le plant a poussé sa quatrième feuille, on l'entête au-dessus de la deuxième, pour que la tige prenne plus de force ; il se forme ensuite deux rameaux qui poussent vigoureusement et se garnissent de fleurs ; on les pince au-dessus du troisième œil : alors les fruits se nouent. On n'a plus guère qu'à pincer l'extrémité des branches pour faire refluer la sève dans le fruit, et à supprimer les branches surabondantes.

Pour empêcher les melons de pourrir, on les assied sur une planche ou sur une brique.

POTIRON, CITROUILLE, GIRAUMONT.

438. *Quelle est la culture du potiron, citrouille ou giraumont ?*

Ce sont trois variétés de la même plante. On les sème dès le mois de mars sur couche ou dans des trous remplis de fumier. Les plantes ont besoin d'être pincés quand ils ont atteint leur cinquième ou sixième feuille ; puis on supprime toutes les branches inutiles et les traînasses. On fait reposer le fruit sur une tuile ou sur une pierre plate.

Les potirons servent à engraisser les porcs dans certains pays ; c'est une plante qui pourrait donner de bons produits, si elle était cultivée plus en grand.

CONCOMBRE, CORNICHON.

439. *Quelle est la culture du concombre ?*

Le concombre se cultive de la même manière que le melon, mais il est moins exigeant. Le cornichon est un petit concombre que l'on cueille avant qu'il soit arrivé à son extrême grosseur ; on le fait confire dans du vinaigre.

TOMATE.

440. *Quelle est la culture de la tomate ?*

La tomate est employée dans les sauces, dans les assaisonnements ; elle aime un climat chaud. Dans le Nord, on la sème sur couche. Pour hâter la maturité des fruits, on pince l'extrémité des rameaux qui en sont chargés.

FRAISIER.

441. *Quelle est la culture du fraisier ?*

On cultive le fraisier en bordure et en planches. On en connaît plusieurs variétés. Les fraisiers dits *remontants* produisent à toutes les saisons ; on les multiplie par le moyen de *coulants* ou de souches mères que l'on transplante avec soin au printemps ou à l'automne. On ne doit pas négliger de pailler les planches et de supprimer les coulants surabon-

PLANTES DONT ON MANGE LES GRAINES.

FÈVES.

442. *Quelle est la culture des fèves ?*

Les fèves de jardin se plaisent sur un sol riche et un peu humide ; on les sème au commencement du printemps, en lignes, à la profondeur de 8 à 10 centimètres. On bine et on chausse un peu les plants. Au moment de la floraison, on pince l'extrémité des branches pour favoriser la fructification.

HARICOTS.

443. *Quelle est la culture des haricots ?*

On connaît plusieurs variétés de haricots. Celles que l'on cultive pour être mangées en vert sont : le *haricot gris*, le *haricot blanc, nain, hâtif,* celui de *Laon*, le *haricot sans parchemin*, le *haricot suisse*. Le *haricot de Soissons*, le *haricot blanc* commun, le *flageolet*, sont recherchés pour être mangés écossés en vert ; ils doivent être ramés. Pour être consommés en grains secs, on cultive le *haricot de Hollande*, celui de *Prague* et celui d'*Espagne*.

Les haricots aiment une terre légère ; on les sème en lignes ou par touffes dès que les gelées sont entièrement passées, et à différentes époques de la saison pour en avoir en gousses toute l'année. Pendant leur croissance, les haricots ont besoin de plusieurs binages.

LENTILLES.

414. *Doit-on cultiver les lentilles ?*

Les lentilles ne se cultivent guère que dans les champs, où elles viennent sans difficulté.

POIS.

445. *Quelle est la culture des pois dans les jardins?*

Le pois se plaît bien sur un sol léger. On le sème dès les premiers beaux jours du printemps, le plus souvent en lignes ou par touffes. On connaît plusieurs variétés de pois ; le *pois Michaux*, celui de *Clamart*, le *nain sucré*, le *sucré vert*, les pois *mange-tout*, que l'on mange en vert avec les cosses, etc. Les pois ont besoin d'être arrosés souvent. A l'époque de la floraison, il faut les pincer pour obliger les petits rameaux à prendre du grain.

PLANTES DONT ON MANGE LES TIGES ET LES FEUILLES.

ASPERGES.

416. *Quelle est la culture des asperges ?*

L'asperge se multiplie de graines que l'on sème en mars. On laisse croître les jeunes plants pendant un ou deux ans, puis on les repique. On choisit un sol meuble, riche, profond et sain ; on dispose le terrain en planches creuses de 5 à 6 décimètres, qu'on remplit de fumier et de bonne terre ; on y plante les pattes d'asperges à 4 décimètres environ les unes des autres, et on les recouvre de 8 à 10 centimètres de terre. Pendant la première année, on sarcle et on bine ; au mois de novembre, on coupe les montants à une hauteur de 3 centimètres ; on recharge les planches avec de la terre prise sur les côtés, et l'on pioche autour des plants. Au printemps de la deuxième année, on dégage les asperges, on leur donne une bonne fumure de terreau, que l'on recouvre de terre. Au mois de novembre, on coupe encore les montants. On opère de même la troisième et la quatrième année. Ce n'est guère qu'au bout de quatre ans qu'on peut couper des tiges d'asperges pour en manger. Une planche d'asperges bien soignée peut durer quatorze à quinze ans.

CÉLERI.

447. *Quelle est la culture du céleri ?*

On sème le céleri au printemps : on repique les plants dans une fosse creuse de 40 à 50 centimètres et faite dans un terrain frais. Quand les plants sont arrivés à peu près à leur croissance, on réunit les feuilles de chacun d'eux et on les entoure de terre pour les faire blanchir. Le céleri peut passer l'hiver étant ainsi butté.

ÉPINARDS.

448. *Quelle est la culture des épinards?*

On sème les épinards pendant toute la belle saison, et tous les quinze jours pour n'en pas manquer : on les arrose souvent. On les coupe à quelques centimètres de terre; après qu'ils sont coupés, on les arrose de nouveau.

449. *Quelle est la culture de l'oseille ?*

L'oseille vient bien sur presque tous les sols. A cause de l'acidité que lui procure le soleil, on doit la placer à l'ombre ou au nord. On la sème ou on la reproduit d'éclats que l'on détache des vieux pieds.

450. *Quelle est la culture des salades?*

Il y a plusieurs espèces de salades : la laitue d'hiver se sème sur couche en automne ; on la met en place au mois de novembre ; on l'abrite bien pendant les gelées. On sème les laitues d'été à toutes les saisons. Pour qu'elles soient tendres, on les arrose souvent; on lie les feuilles par le haut pour les faire blanchir.

La chicorée se cultive comme la laitue. C'est la salade de l'arrière-saison.

On mange aussi en salade la *mâche* ou *doucette*, qui vient sans culture dans les champs et les jardins ; le *cresson*, qu'on trouve dans les ruisseaux, et le *pourpier*.

Le persil, le cerfeuil, la pimprenelle, l'estragon, le thym, la marjolaine, sont employés comme épices.

POIRÉE.

451. *Quelle est la culture de la poirée ?*

On sème la poirée aux mois d'avril et de mai, sur terreau ; on repique les plants à distance convenable, et l'on arrose souvent pour que les feuilles soient tendres.

CHOU.

452. *Quelle est la culture du chou ?*

Les principales espèces de choux dont on mange les feuilles sont le *chou vert* et le *chou pommé*.

Le chou vert ne pomme pas ; parmi ses variétés, on trouve le chou de *Bruxelles*, le *vert frisé* et le chou *vert à larges côtes*.

Le chou pommé a des feuilles très-grandes qui, en se recouvrant les unes et les autres, forment une tête arrondie. Cette espèce comprend principalement le chou d'*York*, celui de *Bonneuil*, celui de *Milan* et celui d'*Allemagne*.

Le chou aime une terre forte, humide et riche ; on le sème en pépinière au printemps ; on arrose souvent et on repique les plants à distance convenable dans des carrés bien défoncés et un peu ombragés. On saupoudre de cendre les feuilles du chou, pour les préserver des ravages des puces de terre et des chenilles.

Le chou vert se sème aussi en août, et reste l'hiver en place. On arrache les choux pommés à l'approche des gelées, et on les met à la cave dans du sable.

POIREAU.

453. *Quelle est la culture du poireau ?*

On le sème en mars et on le repique en juin, on l'arrose souvent. Il se conserve bien pendant l'hiver ; on peut le couvrir de terre pour le faire blanchir.

CHAPITRE XVII

ARBORICULTURE.

SEMIS ET PÉPINIÈRES.

454. *Qu'est-ce qu'une pépinière ?*

Une *pépinière* est la partie du jardin où l'on sème des pépins, des noyaux, des graines, et où l'on plante des rejetons et des boutures qui doivent, au bout de quelques années donner des sujets que l'on plante *à demeure.*

Ainsi, une pépinière peut être créée de deux manières ; ou par semis, ou par la plantation de rejetons ou excroissances, de boutures ou de marcottes.

455. *Quels doivent être le choix et la préparation du terrain de la pépinière ?*

Le terrain consacré à une pépinière ne doit être ni trop tenace, ni trop sec, ni trop riche, ni trop maigre ; il a besoin d'être meuble et profond d'au moins 80 centimètres à 1 mètre, pour que les racines des arbres se développent aisément dans une couche de terre végétale. Un sol qui aurait été pendant longtemps complanté d'arbres ne conviendrait pas : une terre neuve, un pré, une luzerne défrichée, sont de bons emplacements pour une pépinière.

456. *Quelle préparation exige le terrain destiné à une pé-pinière ?*

Il est de toute nécessité qu'il soit défoncé à une profondeur de 75 centimètres à 1 mètre, si la terre est de bonne qualité jusque-là ; que les pierres et toutes les racines soient soigneusement enlevées et que, si le terrain est humide ou tenace, on l'assainisse en y mélangeant des plâtras, de la marne, etc·

457. *Comment opère-t-on les semis ?*

On doit faire choix, pour semences, de fruits de la meilleure qualité de l'espèce que l'on veut obtenir, et parvenus à une complète maturité. On sème au printemps et en automne, à la volée ou par rangées de 30 à 40 centimètres. On recouvre légèrement la graine de terre fine, et l'on a soin d'arroser pendant la sécheresse. On n'oublie pas de cultiver la pépinière et d'arracher du plant dans les endroits où il y en a trop pour le repiquer dans ceux où il en manque.

458. *Comment fait-on le repiquage en pépinière ?*

Le repiquage en pépinière consiste à transplanter du plant d'un ou deux ans provenu de semis. A cet effet, on trace de petits fossés distants entre eux de 50 à 60 centimètres, profonds de 15, et l'on y place les plants à environ 20 ou 25 centimètres les uns des autres ; on les recouvre ensuite de bonne terre.

Tous les plants des pépinières formées, soit par les semis, soit par le repiquage, sont destinés à fournir des sujets que l'on greffe à l'âge de quatre, cinq ou six ans, avant de les planter à demeure. On a soin, pendant leur croissance, de les ébourgeonner et de receper ceux qui doivent faire des arbres nains, pour les forcer à grossir en pied.

PLANTATIONS.

459. *Que faut-il considérer dans la plantation à demeure des arbres fruitiers ?*

Il faut considérer : 1° l'arrachage ; 2° la préparation du terrain ; 3° l'époque de la plantation ; 4° l'habillage ; 5° le choix des arbres ; 6° enfin la plantation.

460. *Comment se fait l'arrachage ?*

On doit éviter, dans l'arrachage, de faire éclater ou de meurtrir les racines ; plus le chevelu sera abondant, plus la reprise sera assurée. Si les plants arrachés devaient rester quelque temps sans être replantés, on les mettrait en jauge, c'est-à-dire dans des fosses, et on couvrirait leurs racines de terre.

461. *Comment se fait la préparation du terrain ?*

Il est nécessaire que les trous soient faits un ou deux mois au moins avant la plantation, afin de soumettre à l'action du soleil et de l'air la terre ramenée à la surface du sol. Plus le terrain est mauvais, plus les trous doivent être larges et profonds, pour que, avant de placer l'arbre, on puisse mettre au fond du trou une couche épaisse de bonne terre. On réserve celle de la superficie pour recouvrir les racines.

S'il s'agissait de remplacer un vieil arbre par un autre de même espèce, il faudrait, si l'on tenait à faire la plantation dans le même endroit, substituer une terre neuve à celle qu'on a extraite du trou.

462. *Quelle est l'époque de la plantation ?*

L'époque la plus favorable pour les plantations est l'automne, surtout si elles sont faites de bonne heure, c'est-à-dire, pour les climats du Nord, vers la deuxième quinzaine d'octobre. La plantation au printemps n'est préférable que pour les terrains froids et humides et pour les arbres résineux.

463. *Qu'est-ce que l'habillage ?*

L'habillage d'un arbre consiste dans le retranchement de toutes les racines qui ont été éclatées et meurtries dans l'arrachage. On rafraîchit aussi l'extrémité du chevelu et du pivot.

464. *Comment se fait le choix des arbres ?*

On ne doit planter que des arbres sains, bien portants et bien conformés. Plus ils sont jeunes, plus leur transplantation est facile et leur reprise assurée.

465. *Comment s'opère la plantation ?*

Lorsque l'arbre est habillé, on le place dans le trou et on le recouvre de terre végétale jusqu'au-dessus du collet. On évite de trop tasser la terre avec les pieds, pour ne pas briser les racines et ne pas empêcher la chaleur et la lumière d'y arriver.

Les racines doivent s'étendre librement. Il est préférable de planter par un beau temps ; la terre saine vaut mieux que la terre humide ; un temps sombre n'est pas à dédaigner. Au printemps, lorsque les plantations sont terminées, on y met un léger *paillis* qui en maintient la fraîcheur. On les arrose pendant l'été.

SOINS A DONNER AUX PLANTATIONS.

466. *Quels soins exigent les plantations ?*

On doit cultiver les plantations deux ou trois fois par an. On enlève la mousse qui s'attache à l'écorce

des arbres et la ronge ; on détruit les nids de chenilles, les limaçons, les hannetons et les autres
animaux nuisibles qui mangent les feuilles.

Lorsqu'un arbre manque de vigueur, on enlève
la terre qui entoure le collet, et on la remplace par
une terre neuve et du fumier long. On arrose. Il
faut veiller à ce que les arbres en plein vent élèvent
leur tige perpendiculairement au sol horizontal ;
dans le cas où ils prennent une direction inclinée,
on leur met un piquet ou tuteur.

CHAPITRE XVIII

MOYENS DE MULTIPLIER LES ARBRES PAR PROPA-
GATION.

467. *Combien distingue-t-on de modes de reproduction par propagation ?*

Trois : la marcotte, la bouture, la greffe.

LA MARCOTTE.

468. *En quoi consiste la marcotte ?*

La *marcotte* consiste à faire pousser des racines à une ou plusieurs branches du végétal, lorsque ces branches tiennent encore à la plante qui leur a donné naissance.

Il y a trois manières de faire des marcottes :

1° En couchant tout simplement dans la terre la branche du végétal à laquelle on veut faire prendre racine : c'est ce qu'on appelle la *marcotte simple ;*

2° En tordant la branche du végétal avant de la plonger dans le sol : c'est la marcotte par *torsion ;*

3° En ficelant fortement la branche près d'un nœud avant de la couvrir de terre : c'est la marcotte par *strangulation*.

Les marcottes restent attachées aux souches qui les produisent pendant une partie de l'année, puis

10

on les détache chargées de chevelu, et on les plante.

LA BOUTURE.

469. *En quoi consiste la bouture?*

La *bouture* consiste à détacher une branche du végétal et à la planter dans le sol pour lui faire pousser des racines.

LA GREFFE.

470. *Qu'est-ce que greffer?*

Greffer, c'est appliquer sur un végétal une partie prise sur un autre pour qu'elle s'y unisse et y croisse.

471. *Qu'appelle-t-on greffe?*

La *greffe* est la portion détachée du végétal qu'on veut multiplier : c'est ou une branche, qu'on nomme *scion,* ou bien un œil, qu'on appelle *écusson.*

472. *Qu'est-ce qu'un sujet?*

C'est l'arbre sur lequel on applique la greffe.

473. *Quelles sont les saisons pendant lesquelles on peut greffer?*

Le printemps et l'été. Au printemps, on choisit le moment où la sève commence à monter : en été, on greffe avant qu'elle soit arrêtée complétement.

474. *Que faut-il pour que les greffes réussissent?*

Il faut : 1° que le sujet convienne à la greffe; 2° que l'écorce vive de la greffe touche l'écorce intérieure du sujet, ou, en d'autres termes, mettre la sève de la greffe en communication avec celle du sujet ; 3° que l'opération soit faite assez promptement pour que le contact de l'air n'ait pas le temps de dessécher les plaies.

PRÉPARATIONS DES GREFFES

475. *Quelles précautions doit-on prendre dans le choix des greffes?*

On ne doit prendre les greffes que sur du bois d'un an; le bois de deux ans se met plus tôt à fruit, mais l'arbre qui en provient est moins vigoureux. On choisit les greffes sur les arbres sains et vifs et sur des rameaux exposés entièrement à l'influence de l'air. On coupe les rameaux un mois ou six semaines à l'avance ; pendant cet intervalle, on les fiche en terre, au pied d'un mur, à l'exposition du nord, jusqu'au tiers de leur longueur. Pour écussonner, il est préférable de se servir de rameaux immédiatement après qu'ils ont été coupés.

OBJETS DONT ON SE SERT POUR GREFFER.

476. *Quels sont les objets dont on se sert pour greffer ?*

On se sert d'un *greffoir* (fig. 11) ou serpette, dont la lame est bien effilée, pour couper les greffes et pratiquer les entailles et les incisions sur les sujets. C'est avec l'extrémité du manche qu'on soulève l'écorce. Lorsque les sujets sont gros, on fait usage d'une *scie à main* pour les étêter ou en couper les branches. On attache les greffes des sujets faibles avec de la laine grossièrement filée. Il est nécessaire que toutes les plaies soient recouvertes et que ni l'air ni la pluie ne les atteignent. Pour cela, on les enduit de *poix de Bourgogne* ou d'*onguent de Saint-Fiacre*, que l'on recouvre d'une toile.

L'onguent de Saint-Fiacre est un composé de deux tiers de terre franche, un peu argileuse, et d'un tiers d'excréments de vache.

DIFFÉRENTES SORTES DE GREFFES.

477. *Quelles sont les différentes sortes de greffes ?*

On en connaît un grand nombre de sortes ; les principales sont : 1° la *greffe en fente ;* 2° la *greffe en couronne ;* 3° la *greffe par approche ;* 4° et la *greffe en écusson.*

GREFFE EN FENTE.

478. *En quoi consiste la greffe en fente ?*

La greffe en *fente* consiste à introduire un, deux, trois, quelquefois quatre petits rameaux garnis de deux ou trois boutons, dans des fentes pratiquées soit sur une tige, soit sur des branches de côté, soit sur des racines.

479. *Comment opère-t-on dans la greffe en fente ?*

Sur le sujet que l'on désire greffer, on choisit un endroit bien uni à la hauteur voulue ; on coupe la tête

FIG. 11.

ou la branche avec la serpette lorsqu'elle est
faible ; si elle est trop forte, on se sert de la scie,
et l'on rafraîchit immédiatement la plaie avec la
serpette ; on fait ensuite une fente à peu près au
milieu de la tige ou de la branche, mais à côté de
la moelle ; on tient cette fente ouverte à l'aide d'un
petit coin de bois: on taille les rameaux ou greffes en
biseau, c'est-à-dire en forme de lame de couteau, et
on les y introduit de manière que leur écorce coïn-
cide parfaitement avec celle du sujet. On retire
ensuite le coin, et la greffe se trouve fortement serrée entre les deux parties séparées, qui se rapprochent. On bouche immédiatement la plaie avec
de la poix ou de l'onguent de Saint-Fiacre que l'on
recouvre d'un linge ; on ficelle le tout avec de l'o-
sier ou du jonc.

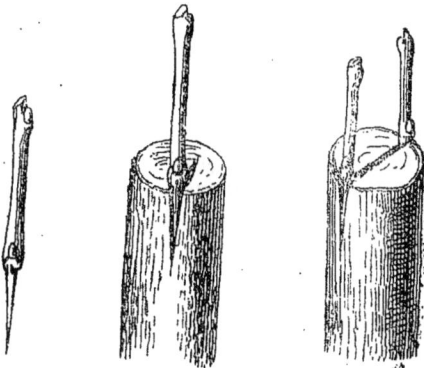

FIG. 12.   FIG. 13.   FIG. 14.

(Voy., fig. 12, un scion tout préparé; fig. 13, un
sujet greffé à un scion ; fig. 14, à deux scions ;

10.

fig. 15, à quatre scions ; fig. 16, un sujet greffé sur
le collet ; fig. 17, un scion appliqué sur une racine

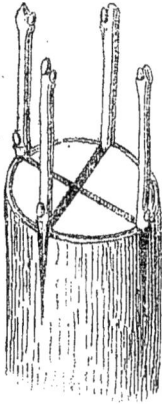 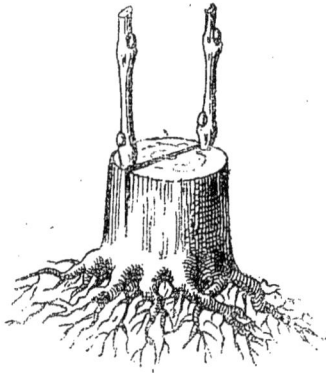

FIG. 15.   FIG. 16.

détachée du tronc et laissée en place ; fig. 18, un
sujet greffé sur le côté.)

480. *Quelle est l'époque la plus favorable pour greffer en
fente ?*

L'époque la plus favorable est le printemps,
c'est-à-dire le moment où la sève commence à
monter. On pratique cette greffe sur les arbres à
fruits à pépins et sur quelques espèces à noyau.

481. *En quoi consiste la greffe en couronne ?*

La greffe en *couronne* consiste à placer les
greffes sur le sujet, entre le bois et l'écorce, en
forme de cercle ou couronne. On la pratique ordinairement sur les fortes tiges et sur les fortes
branches: elle a lieu du 20 mars au 20 avril, attendu
qu'il est indispensable que le sujet soit en sève

pour que l'écorce puisse facilement se détacher du bois.

GREFFE EN COURONNE.

482. *Comment se fait la greffe en couronne ?*

On coupe la tige ou la branche à la hauteur convenable, et l'on rafraîchit immédiatement la plaie

FIG. 17.   FIG. 18.

avec la serpette. A l'aide d'un petit coin de bois dur, on détache, sans la déchirer, l'écorce du bois; à la place du coin, on introduit la greffe ; avant d'être placée, celle-ci doit être taillée en forme de bec de plume : c'est le côté taillé qui touche le bois du sujet, tandis que le côté opposé, revêtu de son écorce, est en communication avec celle de la tige ou de la branche qui la reçoit. Quand l'opération est terminée, on couvre la plaie et l'on fait une ligature.

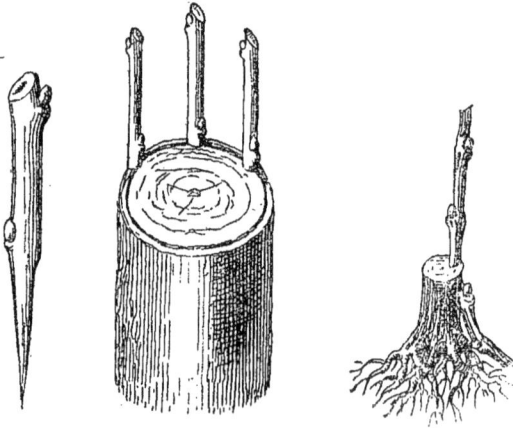

FIG. 19.   FIG. 20.   FIG. 21.

(Voy., fig. 19, un scion tout préparé ; fig. 20, un sujet greffé ; fig. 21, cette manière de greffer appliquée à la vigne.)

CREFFE PAR APPROCHE.

483. *En quoi consiste la greffe par approche ?*

La greffe par *approche* consiste à réunir la tige du sujet à la greffe. Pour cela, il faut que le végétal pris pour sujet et celui qui porte la greffe soient assez rapprochés l'un de l'autre, puisque celle-ci reste sur la souche, même après l'opération.

484. *Comment se fait la greffe par approche?*

On fait sur le sujet et sur la greffe, choisis
d'égale grosseur autant que possible, des plaies ou
entailles de même dimension, susceptibles de se
recouvrir exactement lorsqu'on les applique l'un
contre l'autre. Ces entailles pénètrent jusqu'au
bois. On rapproche les deux végétaux de manière

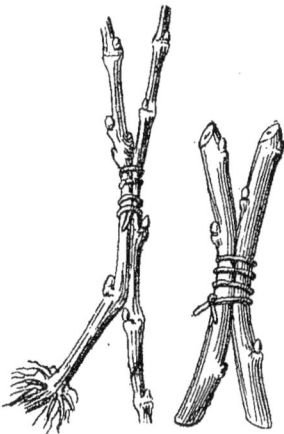

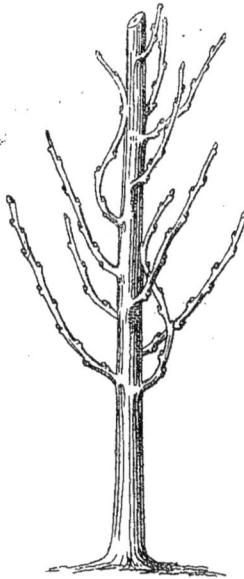

Fig. 22.   Fig. 23.

que les plaies coïncident et que l'écorce intérieure
de l'un communique avec celle de l'autre. On as-
sure le tout par des ligatures, et on évite que la
plaie prenne l'air ou l'humidité. Lorsque la reprise
est assurée, on coupe la tête du sujet et l'on détache le pied de la greffe. (*Fig.* 22.)

La greffe en approche se fait lorsque la sève est en mouvement. On la pratique le plus souvent sur un même arbre, pour remplacer des branches qui meurent, pour garnir les endroits où les boutons ont manqué ou ont été cassés. (*Fig.* **23.**)

485. *En quoi consiste la greffe en écusson ?*

Elle consiste à prendre sur un végétal un œil attaché à une petite lame d'écorce, et à l'introduire dans une incision faite sur l'écorce du sujet.

486. *A quelles époques se pratique la greffe en écusson ?*

Elle se pratique à la sève du printemps et à la sève d'été, ou bien à l'automne, quand la sève est arrêtée. Dans le premier cas, la greffe en écusson est dite à *œil poussant*, parce que l'œil pousse dans la même saison ; dans le second, elle est dite à *œil dormant*, parce que l'œil ne peut pousser qu'au printemps de l'année suivante.

487. *Quand doit-on lever l'écusson ?*

Dans la greffe à œil dormant, les écussons sont levés sur des bourgeons de l'année, coupés le matin ou le soir ; on a soin d'en détacher les feuilles, en conservant le pétiole pour protéger l'œil. Pour la greffe à œil poussant, on prend les yeux ou écussons sur des rameaux de l'année précédente, et sur de jeunes bourgeons lorsqu'on la pratique en mai et en juin.

488. *Comment lève-t-on l'écusson ?*

On fend l'écorce du rameau à 10 ou 15 millimètres au-dessous de l'œil qu'on a choisi, on la fend de

même de chaque côté ; on pose ensuite la lame du
greffoir à 2 centimètres au-dessus de cet œil, et
on la glisse sur l'écorce jusqu'à la fente inférieure,
en pressant l'œil avec le pouce sur le rameau. Il
faut que l'œil soit intact.

489. *Comment place-t-on l'écusson sur le sujet?*

On met l'écusson entre ses lèvres ; on maintient
le sujet de la main gauche ; de la main droite et
avec la lame du greffoir, on fait une incision dans
le sens de la largeur, puis une autre dans celui de
la longueur et formant un T avec la première ; à
l'aide de la spatule, on soulève l'écorce des deux

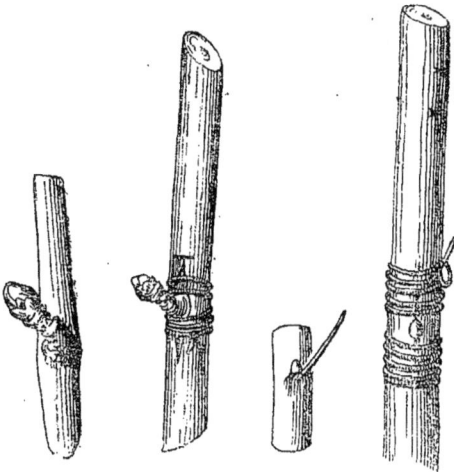

FIG. 24.   FIG. 24 *bis*.   FIG. 25.   FIG. 26.

côtés de la fente longitudinale et on glisse l'écusson
dans l'ouverture. Quand il est bien planté, enfoncé
et collé contre le bois, on ramène par dessous les

parties de l'écorce, en ayant soin de ne pas recouvrir l'œil. On lie ensuite la plaie avec du coton ou
de la laine, puis on coupe le rameau au-dessous de
l'écusson ; on peut, pour attirer la sève, y laisser
un ou deux bourgeons qu'on supprime lorsque la
reprise de la greffe est assurée. Trois semaines ou
un mois après, on desserre la ligature. On pince
les bourgeons produits par l'écusson, dès qu'ils
ont 12 à 15 centimètres, afin d'en faciliter le développement.

(Voy., *fig.* 24, l'écusson à œil poussant ; *fig.* 24
bis, le sujet écussonné ; *fig.* 25, l'écusson à œil
dormant ; *fig.* 26, le sujet écussonné.

490. *Que désigne le mot spatule ?*

Il désigne l'extrémité du manche du greffoir
opposée à celle qui tient la lame.

CHAPITRE XIX

TAILLE DES ARBRES FRUITIERS.

DIFFÉRENTES SORTES D'ARBRES FRUITIERS.

491. *Comment peut-on classer les arbres fruitiers sous le rapport du fruit ?*

On peut les classer ainsi : *arbres fruitiers à noyaux, arbres fruitiers à pepins, arbres fruitiers à amandes.*

492. *Comment peut-on classer les arbres fruitiers d'après leur forme ?*

On les divise en *plein-vent, espaliers, contre-espaliers,* arbres *nains* ou *à basses tiges,* arbres en *éventail,* en *buisson,* en *gobelet,* en *pyramide, etc.*

493. *Qu'est-ce qu'un plein-vent ?*

C'est un arbre dont la tige et les branches s'élèvent à peu près à volonté, sans abri et sans appui.

494. *Qu'est-ce qu'un espalier ?*

C'est un arbre que l'on plante au pied d'un mur et dont les branches tapissent un treillage adossé à ce mur.

11

495. *Qu'est-ce qu'un contre-espalier ?*

C'est un arbre que l'on plante le long des carrés de légumes, et qui, par sa forme, ressemble à un espalier.

496. *Qu'appelle-t-on arbres nains ou à basses tiges?*

Ce sont ceux que l'on a greffés dans la pépinière tout près de terre, et que l'on a *rabattus* lors de leur transplantation à quelques centimètres au-dessus de la greffe.

497. *Qu'appelle-t-on arbre en éventail, en buisson, en gobelet, en pyramide ?*

Ce sont des arbres auxquels, par la taille, on fait avoir la forme des objets dont ils rappellent le nom.

498. *Qu'appelle-t-on arbre franc ?*

Un arbre franc est un arbre non greffé, produit d'une graine ou pepin, de bouture ou de marcotte.

499. *Qu'appelle-t-on arbre sur franc ?*

C'est un greffé sur un arbre franc.

500. *Qu'est-ce qu'un arbre franc sur franc ?*

C'est un arbre que l'on a greffé une première fois sur un autre arbre franc, puis une seconde ou une troisième fois sur les greffes déjà obtenues.

Toutes les greffes sont de la même espèce: ou de pommier, ou de poirier, ou de pêcher, etc.

On emploie ce moyen pour améliorer les espèces, car les produits de la dernière greffe sont toujours meilleurs que ceux de la première.

501. *Qu'appelle t-on sauvageon ?*

On donne le nom de *sauvageons* aux arbres sauvages que l'on trouve dans les bois et sur lesquels on greffe les espèces qui leur conviennent :

en général, on donne ce nom à tous les arbres destinés à être greffés.

502. *Qu'appelle-t-on doucin et* paradis?

Ce sont des variétés d'arbres sauvageons qui se multiplient facilement par marcottes.

C'est sur le doucin que l'on greffe généralement les pommiers en espaliers et en contre-espaliers ; on emploie le paradis pour les pommiers nains.

DIFFÉRENTES SORTES DE BRANCHES ET DE BOURGEONS.

503. *Que doit connaître celui qui taille les arbres à fruits?*

Il doit évidemment connaître les arbres et savoir distinguer les différentes sortes de branches et de bourgeons.

504. *Combien distingue-t-on de sortes de productions ?*

On distingue les *productions à bois* et les *productions à fruits.*

505. *Quelles sont les productions à bois?*

Ce sont: 1° la tige ; 2° les branches de charpente ; 3° les branches latérales ; 4° les rameaux à bois ; 5° les faux rameaux ou rameaux anticipés ; 6° le gourmand ; 7° la brindille ; 8° le dard simple ; 9° les branches coursonnes ; 10° les yeux.

506. *Quels sont les caractères distinctifs de chacune de ces productions ?*

1° Tout le monde connaît la tige.

2° Les *branches de charpente* sont celles qui, dans les formes en espalier, s'étendent à droite et à gauche et portent les petites branches.

3° Les *branches latérales*, dans les pyramides, naissent autour de la tige à 0^m,20 les unes des autres ; c'est sur elles que se trouvent généralement les productions fruitières.

4° Les *rameaux*, dans les pyramides, sont la continuation des branches latérales ; ce sont les *pousses* d'un an. Dans le pêcher, le rameau à bois est couvert d'yeux, mais il n'a aucun bouton à fruit.

5° Les *faux rameaux* ou *rameaux anticipés* naissent à l'extrémité des rameaux, le plus souvent à la suite d'un pincement.

6° Le *gourmand* prend naissance sur la tige et sur le dessus des branches, près des coudes. Il pousse vigoureusement. Il acquiert de la force au préjudice des autres branches. Il a l'écorce lisse et les yeux éloignés les uns des autres, surtout à sa base. (*Fig.* 27.)

7° La *brindille* diffère du rameau en ce qu'elle est plus grêle, plus flexible, et qu'elle a les yeux plus petits. (*Fig.* 28.)

8° Le *dard* est un rameau court, terminé par un œil disposé à s'arrondir et à se mettre à fruit les années suivantes (*Fig.* 29.)

9° Les *branches coursonnes* appartiennent au pêcher. Elles ont leur empattement sur les branches de charpente ; elles portent les petites branches fruitières. Elles sont toujours courtes. (*Fig.* 30.)

1° L'*œil* est le germe des branches et des fruits ; il naît à la fin du printemps ou pendant l'été ; il devient bouton au commencement de l'automne ; après l'hiver il se développe, et prend le nom de bourgeon.

L'œil est dit *terminal*, s'il se trouve à l'extrémité d'un rameau, *latéral*, s'il est placé sur le côté. Les sous-yeux existent au-dessous des yeux ou des

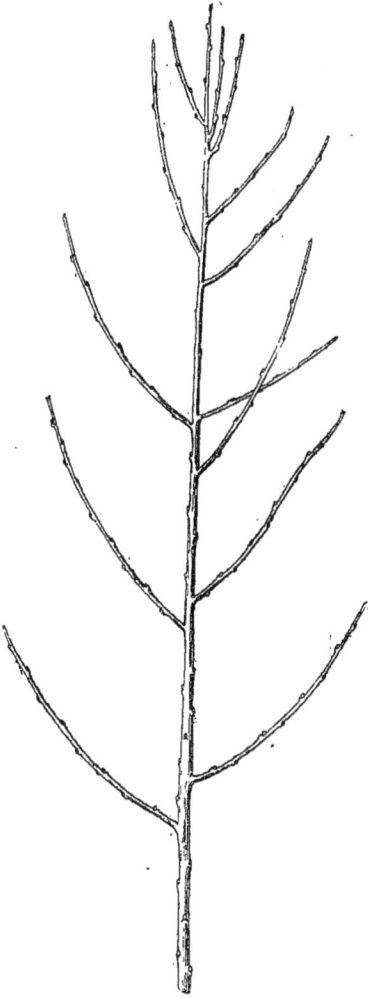

Fig. 27.   Fig. 28.

rameaux. Ils sont très-petits. Ils ne se développent guère que lorsque l'œil principal manque.

507. *Quelles sont les productions à fruits ?*

Ce sont : 1° le bouton ; 2° la lambourde ou dard

Fig. 29.

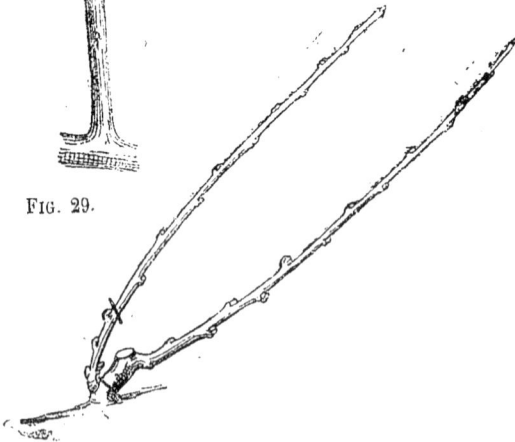

Fig. 30.

couronné ; 3° la bourse ; 4° la branche chiffonne ; 5° la branche à fruits ordinaire ; 6° le rameau à fruits ; 7° le bouquet.

508 *Quels sont les caractères distinctifs de chacune de ces productions ?*

1° Le *bouton* est plus gros, plus arrondi que l'œil ; il fleurit et donne du fruit dans l'année. Sur les arbres à fruits à pepins, les boutons sont toujours sur les vieux bois ; sur le pêcher, ils naissent sur le bois d'un an.

2° La *lambourde* ou *dard couronné* est un rameau court, à écorce ridée, terminé par un gros bouton. (*Fig 31 et 31 bis.*)

3° La *bourse* est un petit corps charnu, tendre,

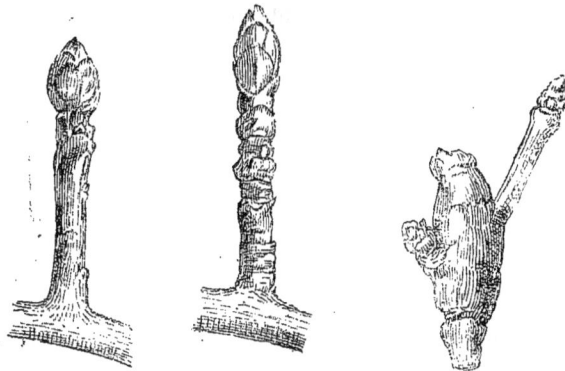

FIG. 31.   FIG. 31 *bis*.   FIG. 32.

boursouflé, dont la partie supérieure est entourée d'yeux disposés à se mettre à fruits ; c'est une production très-fertile. (*Fig. 32.*)

4° La *branche chiffonne* se trouve particulièrement sur le pêcher ; elle est petite, déliée, garnie intérieurement de boutons à fruits. (*Fig. 33.*)

5° Les *branches à fruits*, sur le pêcher, sont

plus longues et plus fortes que les chiffonnes ; elles sont munies d'yeux à bois et de boutons simples ou doubles. C'est une production d'un an. (*Fig.* 34.)

Les *branches à fruits,* sur le poirier, ont plusieurs années. Elles sont garnies de lambourdes, de bourses, de dards, de boutons et même de brindilles. (*Fig.* 35.)

6° Le *rameau à fruits* se trouve sur les arbres à fruits à pepins. Il est garni de boutons disposés à fleurir. (*Fig.* 36.)

7' Le *bouquet* est une petite production très-fertile qu'on rencontre sur le vieux bois; il est très-court : il est terminé par quatre ou cinq boutons au centre desquels se trouve un œil à bois. (*Fig.* 37.)

La *rosette* est une petite production fruitière, moins développée que le bouquet. (*Fig.* 38.)

PRINCIPES GÉNÉRAUX RELATIFS A LA TAILLE DES ARBRES FRUITIERS.

599. *Quel est le but de la taille des arbres ?*

La taille des arbres a pour but :

1° De donner et de conserver aux arbres une forme régulière en répartissant la sève le plus également possible entre toutes leurs parties ;

2° De faire fructifier ceux qui y sont naturellement peu disposés ;

3° De les maintenir en bon état de production ;

4° D'en obtenir des fruits plus gros et de meilleure qualité.

Quoique tous les arbres ne se taillent pas de la même manière, il y a cependant des principes gé-

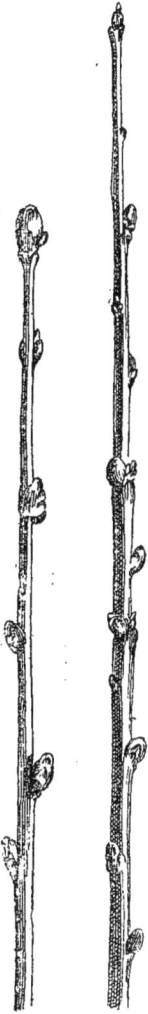
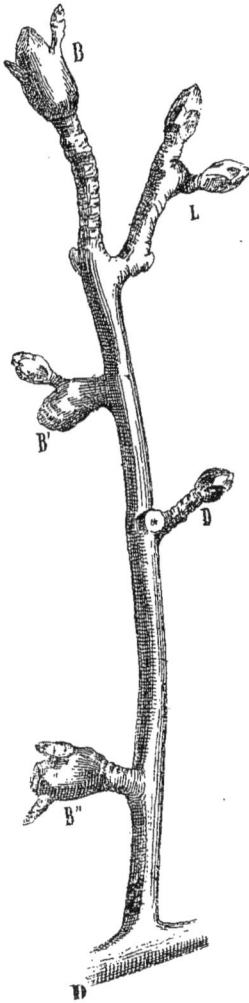

Fig. 33.   Fig. 34.   Fig. 35   Fig. 36.

11.

néraux applicables à toutes les espèces et à toutes les formes.

510. *Quelles sont les principales opérations que l'on ef-fectue dans la taille et la conduite des arbres fruitiers ?*

Les unes, dites opérations d'hiver, sont : 1° la

FIG. 37.   IG. 38.

coupe; 2° le rapprochement; 3° le ravalement; 4° le recepage ; 5° les entailles ; 6° les incisions ; 7° l'éborgnage ; 8° l'arcure.

Les autres, appelées opérations d'été, sont :

1° le palissage ; 2° l'ébourgeonnement ; 3° le pincement ; 4° le cassement ; 5° la taille d'août ou taille en vert ; 6° l'effeuillage ; 7° l'éclaircie des fruits.

511. *Comment se fait la coupe?*

La *coupe* se fait à 0^m,004 au dessus de l'œil sur les rameaux des arbres à bois dur (poirier, pommier), et 0^m,012 sur les espèces à bois tendre (vigne, etc.). La surface de la coupe doit toujours être oblique et opposée à l'œil, afin que la sève et l'eau s'écoulent sans compromettre son existence.

512. *En quoi consiste le rapprochement ?*

Le rapprochement consiste à tailler sur le bois

des années précédentes. Cette opération a pour but de diminuer l'étendue des branches à l'extrémité desquelles la sève se porte presque entièrement, tandis que l'intérieur de l'arbre se dégarnit.

513. *En quoi consiste le ravalement?*

Il consiste à supprimer entièrement toutes les branches latérales d'un arbre lorsque celui-ci est mal conformé. Les *yeux adventifs* de la tige, ceux qui se trouvent sur le vieux bois près des nœuds et des coudes, donnent de nouveaux bourgeons.

514. *Qu'est ce que receper?*

Receper c'est étêter, c'est-à-dire couper l'arbre vers le collet, afin de le renouveler entièrement s'il est épuisé par suite de tailles inintelligentes, et de donner aux nouvelles branches une bonne direction.

515. *En quoi consiste l'entaille?*

L'entaille consiste à enlever, en forme de coin, une portion d'écorce et d'aubier. On la pratique au-dessus et au-dessous d'une branche ou d'un œil : au-dessus, pour arrêter la sève, qui se porte alors en plus grande quantité dans l'œil ou la branche et l'oblige à prendre plus d'accroissement ; au-dessous, pour déterminer la sève et l'empêcher de se porter dans l'œil ou la branche qui prend trop de développement au préjudice d'autres productions que l'on veut protéger.

516. *Comment se pratiquent les incisions?*

Les *incisions* ont lieu seulement sur l'écorce, et peuvent être pratiquées de trois manières différentes : longitudinalement, transversalement et circulairement.

On pratique l'*incision longitudinale* avec la pointe d'une serpette sur les côtés d'un arbre où l'écorce, ridée et dure, ne permet pas à la sève de se porter aux branches, qui restent d'autant plus faibles que celles du côté opposé prennent plus de force. C'est donc un moyen de rétablir l'équilibre dans les arbres.

L'*incision transversale* se fait au-dessus d'un œil pour favoriser son développement ; elle produit à peu près le même effet que l'entaille.

Dans l'*incision annulaire,* on enlève l'écorce en forme d'anneau sur une longueur de 5 à 10 millimètres. Cette opération a pour but de faire mettre à ruit la partie supérieure et de faire développer du bois à la partie inférieure.

517. *En quoi consiste l'éborgnage ?*

L'*éborgnage* consiste à enlever, au moment de la taille, tous les yeux superflus, sur une branche que l'on est obligé de tailler long lorsque l'on tient à avoir du fruit et que les boutons fruitiers ne se trouvent qu'à son extrémité. On conserve toujours les boutons du *talon* pour la taille suivante.

518. *Qu'est-ce que l'arcure ?*

On sait que la sève se porte de préférence dans les branches verticales, et abandonne quelquefois les branches obliques. Pour éviter cet inconvénient, on courbe les branches trop vigoureuses en forme de demi-cercle, la pointe dirigée vers le sol. Le ralentissement de la sève force ces branches à se mettre à fruit. C'est cette opération qu'on appelle *arcure*.

519. *Qu'est-ce que palisser ?*

C'est fixer à des treillages les arbres en espalier.

Le palissage se fait quelque temps après la taille et lorsque la végétation est en activité.

Les branches de charpente doivent avoir une direction régulière, pour favoriser la circulation de la sève et éviter les bifurcations. Les branches fruitières snpérieures sont plus inclinées que les inférieures, afin qu'elles n'absorbent pas trop de sève. On palisse les branches vigoureuses plutôt que les faibles. On rapproche de la ligne horizontale les branches dont on veut retarder l'accroissement, et de la verticale celles dont on tient à favoriser le développement.

Dans le plissage d'été, on a soin de bien espacer les bourgeons, de ne pas les serrer trop avec le lien, de ne pas emprisonner le fruit, de donner au rameau terminal la direction qu'il devra avoir plus tard.

520. *Qu'est-ce que l'ébourgeonnement ?*

L'*ébourgeonnement* est une opération qui consiste à supprimer, dans le courant de la végétation, tous les bourgeons reconnus inutiles et qui vivraient aux dépens des autres.

521. *Qu'est-ce que le pincement ?*

Le *pincement* a pour but de retenir la sève aux bourgeons utiles, de la ralentir dans les parties pincées et de les obliger à se mettre à fruit. On pince les gourmands, les bourgeons trop vigoureux, pour protéger les faibles ; on pince aussi ceux qui sont près des bourgeons de remplacement afin de favoriser la vigueur de ces derniers. Le pincement se fait avec les doigts sur la quatrième ou cinquième feuille.

Si, lorsque les bourgeons sont développés, on

s'aperçoit que les yeux de l'extrémité d'une branche taillée long ne poussent pas, ou que, poussant, ils ne donnent pas le fruit sur lequel on comptait, on rabat cette branche sur le dernier œil poussant ou sur deux yeux. C'est une des opérations de la taille en vert.

522. *Comment se pratique la taille d'août, dite taille en vert?*

On la pratique sur les arbres à fruits à pepins. On supprime à quatre ou cinq feuilles une partie des bourgeons non pincés. Par ce moyen, on force les yeux à se mettre à fruit pour les années suivantes. C'est pour le même motif qu'on taille aussi, à cette époque,les branches âgées et dont l'écorce est ridée.

523. *En quoi consiste le cassement?*

Le *cassement* consiste à rompre la brindrille jusqu'à la moitié de son diamètre, en ayant soin de rapprocher les deux parties de la cassure. Cette opération a pour but de retarder la circulation de la sève dans cette production et de l'obliger à se mettre à fruit. Elle se fait au moment de la taille. Elle peut aussi être effectuée à la fin de l'été sur les rameaux qui n'auraient pas été pincés ou qui, l'ayant été, ne paraissent pas se développer à fruit.

524. *Qu'est-ce que l'effeuillage?*

Il consiste à ôter, à la fin de la saison, pour hâter la maturité des fruits, des feuilles à un arbre qui serait trop touffu.

525. *En quoi consiste l'éclaircie des fruits?*

Lorsqu'un arbre jeune encore prend trop de fruit, il est nécessaire, pour le conserver, de lui en ôter. On éclaircit aussi afin d'avoir de beaux fruits ; l'ar-

bre qui en porte ne trop saurait les donner très-
beaux.

526. *Par quoi doit commencer le jardinier dans la taille
d'un arbre?*

Il doit commencer par bien examiner l'arbre et
par se rendre compte de ses qualités et de ses défauts. Il coupe toutes les branches mortes, recèpe
tous les chicots ou ergots, creuse jusqu'au vif
toutes les parties chancreuses qui le rongent, et
enlève la mousse.

527. *Que doit-on faire :*
1° Si l'arbre a peu de vigueur ?

On doit chercher à le ranimer ; pour cela, on
sacrifie les fruits d'une année, on favorise les
branches à bois en taillant court, c'est-à-dire à un
ou deux yeux.

528. *2° Si l'arbre a trop de vigueur et ne prend pas de
fruit ?*

Dans ce cas, si l'arbre est bien équilibré, on conserve toutes les branches à fruits et on taille long.
On force en outre les branches à bois à se convertir en branches à fruits par les opérations dont
nous avons parlé précédemment, savoir : le cassement, l'arcure, l'incision annulaire, les entailles
en dessous, le palissage rigoureux après la taille, le
palissage des bourgeons, en les rapprochant de
l'horizontale, et le pincement.

Il est évident que tous ces moyens ne sont jamais
appliqués simultanément à un même arbre.

529. *3° Si toute la sève de l'arbre se porte à sa partie
supérieure ?*

On coupe le haut de la flèche et des principales
branches qui s'élèvent verticalement, pour forcer

la sève à s'étendre dans les branches inférieures. Souvent aussi on donne aux branches vigoureuses une direction horizontale, ou on les courbe demi-cercle en ramenant l'extrémité en bas. Quelquefois on se contente d'y pratiquer l'incision annulaire, le pincement, etc.; on ne pince pas les branches faibles.

530. *4° Si l'arbre pousse plus d'un côté que de l'autre ?*

On taille long le côté le moins vigoureux ; on taille court celui qui a plus de vigueur. Puis on peut faire des entailles au-dessus des rameaux qui prennent trop de force, en palisser sévèrement et de bonne heure tous les bourgeons, et les pincer afin de forcer la sève à se porter du côté faible. On l'appelle, d'ailleurs, de ce côté, par l'incision longitudinale, en palissant tardivement les rameaux et les bourgeons, et en ne les pinçant pas.

Il est aisé de comprendre que moins il y a de branches d'un côté de l'arbre, moins la sève s'y porte. Qu'irait-elle faire là où elle n'a presque pas de sujets à nourrir ? Elle se dirige de préférence du côté où beaucoup de nourrissons l'appellent, c'est-à-dire beaucoup de rameaux et de feuilles.

531. *Comment peut-on forcer une branche à fruits à produire des rameaux à bois ?*

Il suffit de la tailler très-court, de pratiquer une entaille au-dessus, de ne pas en pincer les bourgeons et de ralentir le courant de la sève dans les autres branches.

532. *Comment peut-on faire naître un œil sur une branche à un endroit quelconque ?*

On fait faire un coude à une branche au point où l'on veut que l'œil prenne naissance. La sève, ren-

contrant vers ce coude un obstacle à sa libre circulation, tend à sortir de l'écorce comme pour continuer une ligne droite ; elle donne alors naissance
à un œil qui devient bourgeon dans l'année.

533. *A quelle époque s'effectue la taille des arbres ?*

Dans le midi, on peut tailler depuis l'époque où
la sève est entièrement ralentie jusqu'à celle où
elle reprend son cours ascensionnel. c'est-à-dire
de novembre à la fin de mars. Dans les climats du
Nord, l'époque la plus favorable est février et
mars, quand les fortes gelées sont passées. On
commence par les arbres à fruits à pepins. Pour
tailler les arbres à fruits à noyaux, on attend que
les boutons soient bien apparents.

TAILLE DU PÊCHER.

534 *Quels sont les caractères particuliers du pêcher ?*

Les différentes petites branches que l'on trouve
sur le pêcher sont : le gourmand (fig. 27), le rameau
à bois, la branche coursonne (fig. 30), ou production à bois, la branche chiffonne (fig. 33), le bouquet (fig. 37), et les branches ordinaires (fig. 34),
qui sont les productions fruitières.

Il y a aussi l'œil à bois et l'œil à fruit ou bouton.

Voici, concernant le pêcher, quelques remarques
importantes dont il faut tenir compte :

1° Le fruit ne se trouve que sur le bois d'un an ;

2° La branche à fruits qui a produit une année
ne doit pas être conservée ; elle ne fructifierait pas
une deuxième fois :

3° Il faut toujours conserver, pour les branches
fruitières, celles qui se trouvent rapprochées du

talon, et penser aux branches de remplacement pour l'année suivante. Ces dernières seront produites, autant que possible, par le développement des yeux les plus près de l'empattement ;

4° Si le gourmand occupe la place d'une autre branche, on le conserve : on le taille sur quatre yeux ; on le palisse très obliquement pour modérer sa vigueur ; on pince les bourgeons et on choisit celui de l'empattement pour faire, l'année suivante, une branche à fruits ;

5° La coursonne se taille rarement ;

6° La branche chiffonne se taille sur deux ou trois yeux ; l'œil le plus rapproché de sa base donnera la branche de remplissement pour la taille suivante ;

7° On ne touche jamais au bouquet. On le supprime après qu'il a porté fruit, à moins qu'on n'ait besoin, pour faire une branche, du petit œil à bois qui se trouve au centre des boutons ;

8° La branche à fruit se taille sur le quatrième œil, si elle est placée au-dessus de la branche de charpente, et sur le deuxième ou troisième, si elle se trouve au-dessous.

FORME CARRÉE OU A LA MONTREUIL.

535. 1ʳᵉ Taille. — *Comment se fait la taille de la première année?*

Supposons qu'on ait planté un sujet greffé. La greffe a donné un seul rameau (*fig.* 39). Au printemps suivant, on rabat ce rameau sur deux bons yeux placés à 0ᵐ,25 du sol, l'un à droite, l'autre à gauche, et destinés à former les deux premières branches charpentières.

Lorsque les bourgeons ont acquis un certain dé-

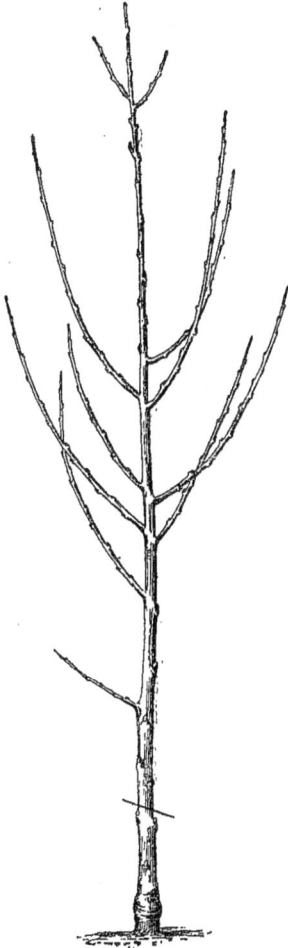

FIG. 39.

veloppement, on les palisse. Si l'un prenait plus de

force que l'autre, on inclinerait le plus fort vers
l'horizontale, et l'on donnerait au plus faible une
direction verticale. On supprime les bourgeons inutiles lorsqu'on est sûr de posséder les deux sur
lesquels on compte.

536. 2ᵉ Taille. — *Comment se fait la taille de la
deuxième année (fig. 40) ?*

On rabat les deux rameaux au-dessus du

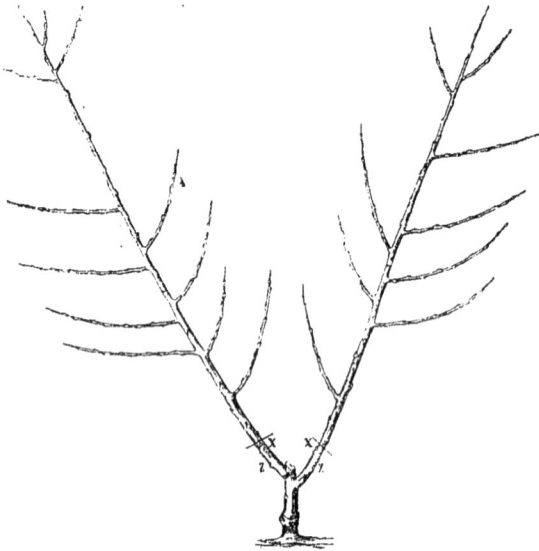

Fig. 40.

deuxième œil. Les yeux terminaux (X, X) doivent
produire des rameaux destinés à prolonger les
branches charpentières. Les deux autres (Z, Z)
donneront naissance aux premières *branches se-*

FIG. 44.

condaires inférieures. On fait dans le courant de l'été le pincement et le palissage nécessaires pour maintenir l'équilibre dans les branches.

Si, la première année, l'un des bourgeons était trop faible, on pourrait le supprimer, considérer l'autre comme la continuation de la tige et le tailler de manière à obtenir, comme la première fois, deux branches latérales (*fig.* 41).

537. 3ᵉ TAILLE. — *Comment se fait la taille de la troisième année ?* (La figure 42 montre le développement de l'arbre à la suite de la deuxième taille.)

On a deux branches mères (**M, M**) et deux premières secondaires inférieures (N, N). On taille les

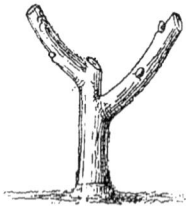 

FIG. 40 *bis*.   FIG. 41 *bis*.

mères à environ 1ᵐ, 10 de leur empattement. Les yeux (X, X) et (E, E) donneront les rameaux de prolongement, et les yeux (N, N) (Y, Y) les deuxièmes secondaires inférieures auxquelles on fera avoir la direction des premières (N, N). On conservera entre elles une distance de 0ᵐ,60 pour donner aux bourgeons la facilité de se développer. On taille toutes les petites branches sur le deuxième œil, quoiqu'on n'ait besoin que d'un pour former la branche à fruit.

FIG. 42.

Les rameaux fourchus sont le résultat du pincement. (Voyez, fig. 42 bis, l'arbre taillé. Voyez-le
ensuite fig. 43 à la fin de l'année.)

538. 4ᵉ TAILLE. — *Comment se fait la taille de la quatrième année ?*

On taille les branches mères (**M, M**) à environ
1ᵐ,10 des deuxièmes secondaires (P, P). Les yeux
(X, X) sont destinés au prolongement des branches
mères. Les yeux (Y, Y) produiront les troisièmes
secondaires inférieures, lesquelles seront tenues à
0ᵐ,60 de celles qui sont immédiatement au-dessous.

FIG. 42 *bis.*

Les petites branches sont taillées d'après les
principes énumérés précédemment.

Il y a encore une quatrième branche secondaire
inférieure à former; on l'obtient de la même manière que les autres. A la cinquième taille, la charpente inférieure de l'arbre sera complète. Aucune
nouvelle grosse branche ne reste à former au-
dessous de la branche mère. Celles qui existent
vont se développer et arriver en deux ans à la

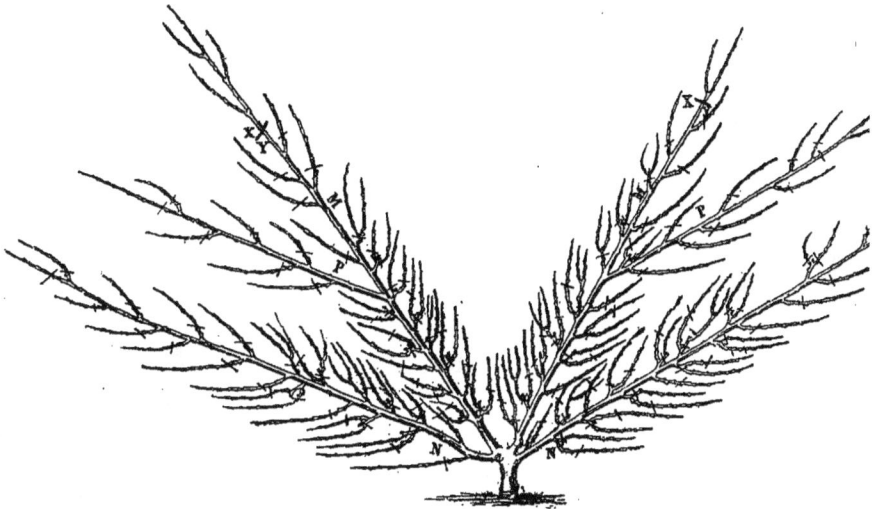

FIG. 43.

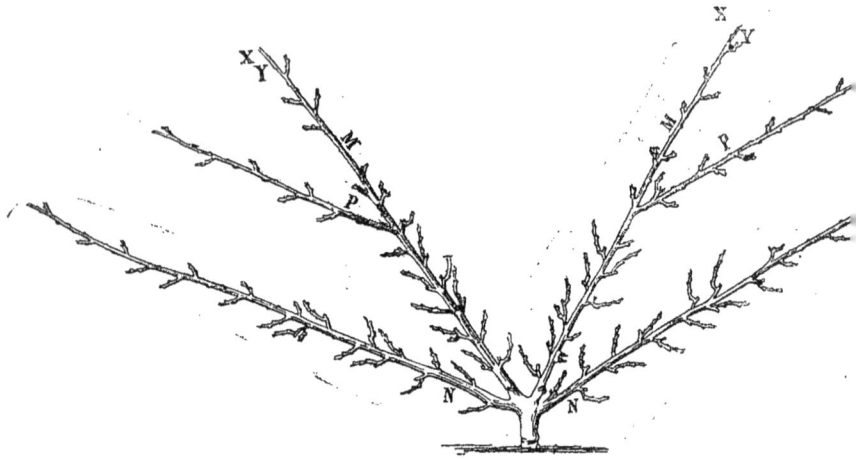

FIG. 43 bis.

limite de leur extension, par conséquent après la septième taille. C'est à cette époque que l'on doit commencer à former les branches secondaires supérieures. On en forme une chaque année, en commençant par la base, et on a soin de choisir son empattement à environ 0ᵐ,20 au-dessus de la branche secondaire inférieure correspondante, afin que celle-ci reçoive le courant de la sève et en profite avant celle-là. La sève se portera toujours trop abondamment dans les branches supérieures. L'arbre occupe, à la fin de l'année de la dixième taille, tout l'espace qui lui était réservé.

539. *Comment se fait la taille complète d'une branche ?*

Soit la première branche secondaire inférieure N (voy. *fig.* 44). Les n° 8, 11, 27, 31 sont des bouquets ; on ne les taille pas. — Le n° 25 est une branche chiffonne ; elle est faible ; on la taille sur le 3ᵉ œil. — Le n° 32 est un œil endormi ; s'il ne pousse pas, il y aura à cet endroit un grand espace vide. On le force à se développer en pratiquant une entaille au-dessus. — Les n° 19, 20, 21, 41, 42, 43 sont des branches à fruits qui partent directement de la branche principale ; on les taille sur trois yeux. Toutes les autres sont des branches à fruits nées sur des coursonnes ; on a enlevé la partie supérieure de la coursonne avec le rameau le plus éloigné de l'empattement.

540. *Y a-t-il une autre manière de former en moins de temps un pêcher carré ?*

Oui (*fig.* 45). Supposons un pêcher taillé une fois. Les yeux de côté ont donné deux branches mères (M, M) et les faux bourgeons, dont deux

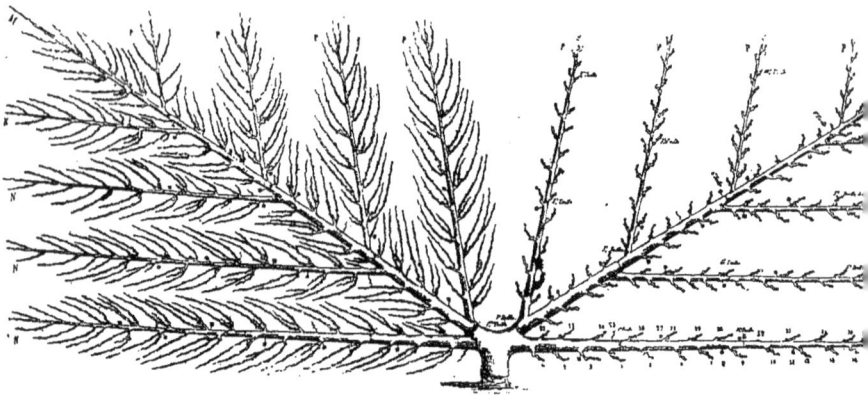

FIG. 44.

(A, A) n'ont pas été pincés, parce qu'on veut en
faire des branches de charpente. La deuxième

Fig. 45

année, on incline la branche (M, M), qui devient première secondaire inférieure, comme dans le premier

12.

FIG. 45 bis.

ordre de formation. Le faux rameau A s'allonge ;
lorsqu'il est arrivé à 1 mètre de son empattement,
on le courbe pour lui faire prendre la direction de
la première secondaire inférieure. Vers le coude,
un faux bourgeon A prend naissance et continue la
branche de charpente verticale. On forme de la
même manière deux autres branches secondaires
inférieures en conservant entre les empattements

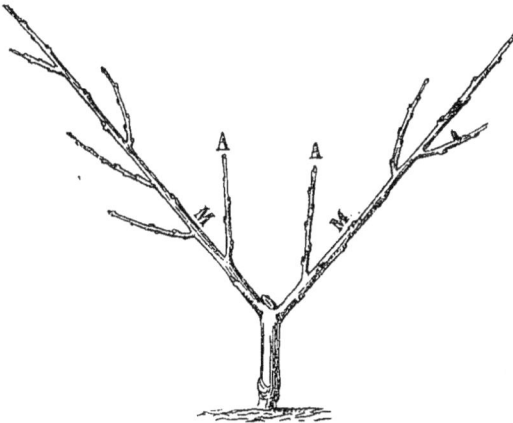

Fig. 45 ter.

la distance d'environ 1 mètre, ce qui laisse entre
chacune d'elles, étant palissées et mises en place,
un espace de 0m,60.

On ne taille les branches de charpente que lorsqu'elles ont acquis la longueur voulue. On traite
les petites branches comme nous l'avons indiqué
précédemment.

La sixième et la septième année, on forme les
dernières branches, et l'arbre est complétement
établi.

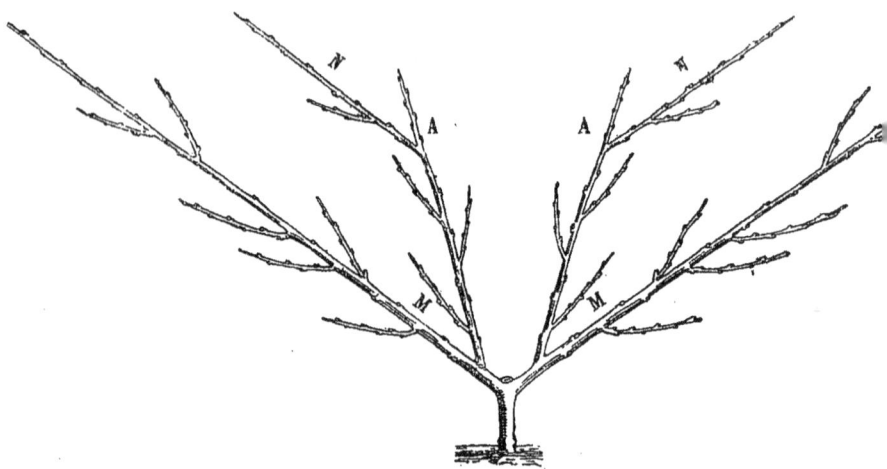

FIG. 45 quater.

PALMETTE.

541. *Comment s'opère la conduite du pêcher en palmette ?*

1re TAILLE. — (Voy. *fig* 46). On taille à 0^m,30 du
sol (X) sur trois bons yeux. L'œil supérieur doit
continuer verticalement la tige ; les deux autres
formeront les deux premières branches latérales.

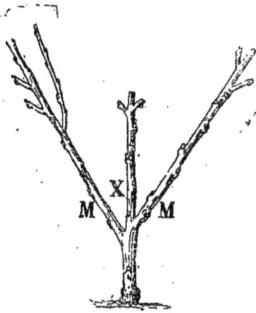

FIG. 48.

2e TAILLE. On rabat ces branches latérales (M, M)
à environ 1 mètre de leur empattement ; on les incline et on les palisse. On rabat la tige verticale
à 0^m,50 de son empattement. Le dernier œil donnera le bourgeon de prolongement. Deux autres,
placés immédiatement au-dessus du premier, four-
niront deux nouvelles branches latérales qu'on
traitera comme les premières.

On formera successivement, chaque année, deux
nouvelles branches latérales jusqu'à ce que l'arbre
ait la hauteur qu'on veut lui donner. (*Fig.* 46 *bis*).

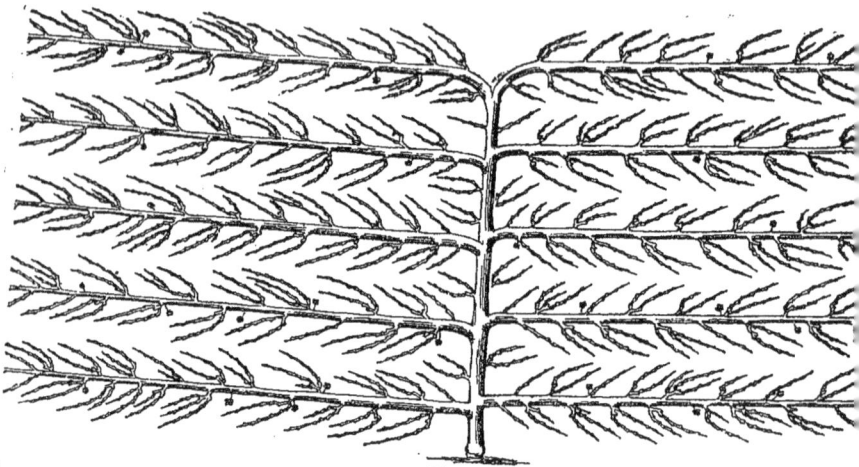

FIG. 46 *bis*.

La dernière année, on courbe la tige lorsqu'elle est encore verte ; un faux bourgeon se développe vers le coude, et sert à former la branche latérale opposée.

FORME EN U.

512. *Comment s'obtient la forme en U ?*

(*Fig.* 47.) A la première taille, on rabat sur deux bons yeux. Deux bourgeons se développent, l'un à

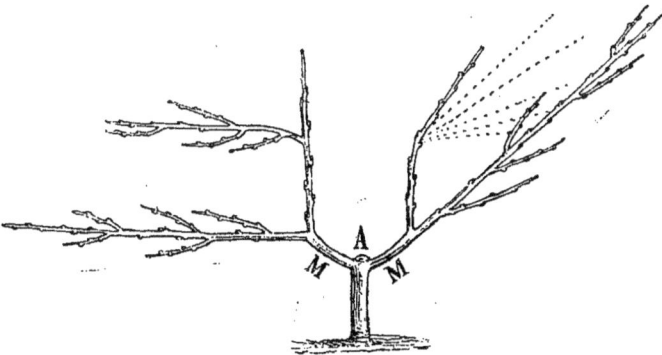

FIG. 47.

droite, l'autre à gauche ; on les incline un peu, puis, à 0^m,30 du coude, on les redresse verticalement, de manière qu'il y ait entre les deux branches une distance de 0^m,60. Dans le courant de la végétation, lorsque les deux branches de l'U ont dépassé 0^m,50, on les courbe à droite et à gauche pour former les secondes latérales. Un faux bourgeon se développe vers le coude et continue la branche verticale. (*Fig.* 47 *bis.*)

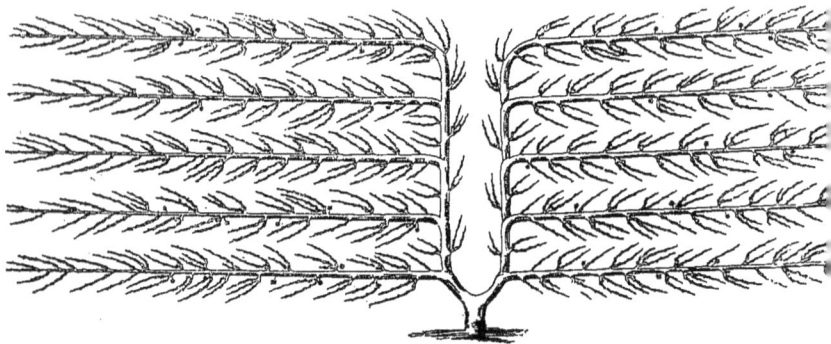

FIG. 47 *bis*.

La deuxième année et les années suivantes, on procède de la même manière pour garnir l'arbre de branches latérales ; chaque côté n'en doit pas avoir plus de cinq. On ne les taille que lorsqu'elles ont acquis leur complet développement. Ce n'est également qu'à cette époque qu'elles sont mises à leur place définitive. — On traite les petites branches comme dans les cas précédents.

FORME CROISÉE.

543. *Comment s'obtient la forme croisée ?*

Si, au lieu de courber extérieurement les bourgeons de l'U (x, x), on les croisait l'un sur l'autre, celui de droite formerait la branche latérale de gauche, et *vice versâ*. Vers les coudes naîtront des bourgeons que l'on croisera de la même manière que les précédents. En continuant ainsi pendant six ou sept ans, on arrivera à former un pêcher dont toutes les branches de charpente seront soudées entre elles. (*Fig*. 48.)

PÊCHERS OBLIQUES.

544. *Comment se fait la culture du pêcher oblique ?*

On plante des sujets à tige unique, à 0^m, 60 les uns des autres, en leur imprimant une obliquité de 45°. Chaque année, on rabat la tige sur un œil de devant destiné à la continuer. Les yeux latéraux donnent de petites branches à fruits dans toute la longueur de la tige.

Ce mode est plus coûteux que les autres, parce

13

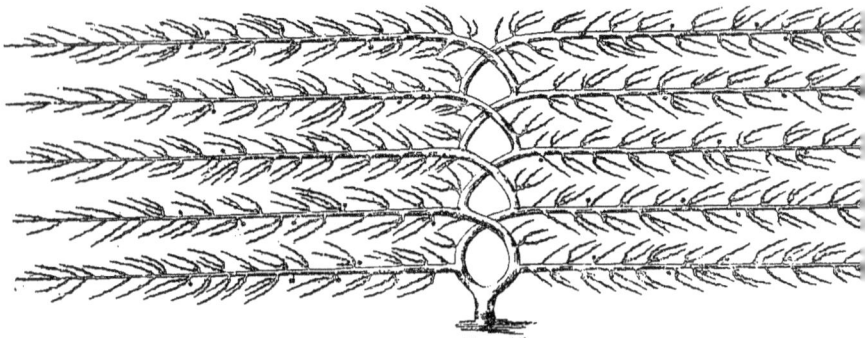

FIG. 48.

qu'il faut plusieurs pieds pour garnir l'espace qu'on pourrait faire occuper à un seul en lui donnant l'une des formes précédentes ; mais aussi un mur est-il complétement garni en trois ans. (*Fig.* 49, 49 *bis*, 49 *ter*.)

TAILLE DE L'ABRICOTIER.

545. *Comment se taille l'abricotier ?*

On peut donner à l'abricotier les mêmes formes qu'au pêcher : cependant les formes en palmette et en éventail sont les plus usitées.

Les principes que nous avons exposés sur la taille du pêcher conviennent à l'abricotier.

TAILLE DU CERISIER.

546. *Comment se taille le cerisier ?*

Le cerisier fait un bel arbre cultivé en espalier. Il se plaît à toutes les expositions. La forme en palmette est celle qui lui convient le mieux.

TAILLE DU POIRIER.

FORME EN PALMETTE.

547. *Comment s'obtient la conduite du poirier en palmette ?*

Les procédés à employer sont les mêmes que ceux que nous avons donnés pour la conduite du pêcher sous cette forme.

1re TAILLE. — Il s'agit d'un poirier d'un an.

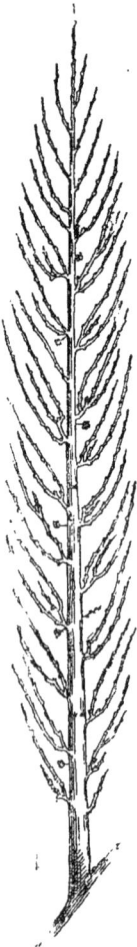 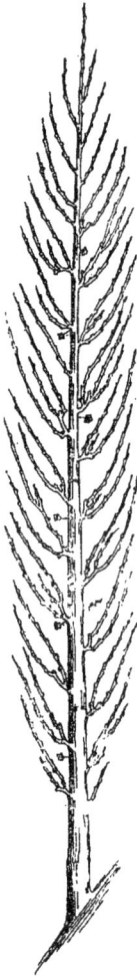 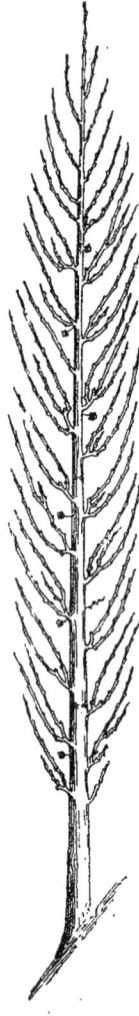

Fig. 49.   Fig. 49 *bis*.   Fig. 49 *ter*.

(*Fig.* 50). On rabat la tige sur trois yeux. L'œil supérieur doit la continuer, et ceux de
gauche et de droite sont destinés à
former les premières branches latérales.

2ᵉ TAILLE. — Le résultat de la
première taille a donné trois rameaux (M,M et X). A la deuxième on
se borne à rabattre les rameaux de
côté à moitié de leur longueur ; le
vertical est taillé sur trois yeux.
L'œil supérieur doit produire le rameau de prolongement de la tige ;
les deux autres donneront deux nouvelles branches latérales. Celles-ci
seront espacées l'une de l'autre de
0ᵐ,20 (*Fig.* 51.)

On continue ainsi jusqu'à ce que
la palmette soit entièrement formée.
(*Fig.* 51 *bis et* 51 *ter.*)

FORME EN U.

518. *Comment s'obtient la conduite du
poirier en U ou en palmette à double tige ?*

1ʳᵉ TAILLE. — (*Fig.* 52.) On taille
le jeune poirier sur deux yeux latéraux. Pendant le cours de la végétation, on oblige les deux bourgeons à
prendre la forme en U. (*Fig.* 52 *bis.*)

2ᵉ TAILLE. — (*Fig.* 53.) On se
trouve en présence de deux branches que l'on rabat
sur deux yeux. Les yeux terminaux (X,X) doivent

FIG. 50.

continuer les tiges ; les yeux de côté (Y, Y) pro-
duiront les deux premières branches latérales.
Celles-ci sont taillées à moitié de leur longueur.
(*Fig.* 53 *bis.*)

549. *Doit-on tailler des branches à bois et des branches fruitières?*

On sait que les branches fruitières sont la lam-

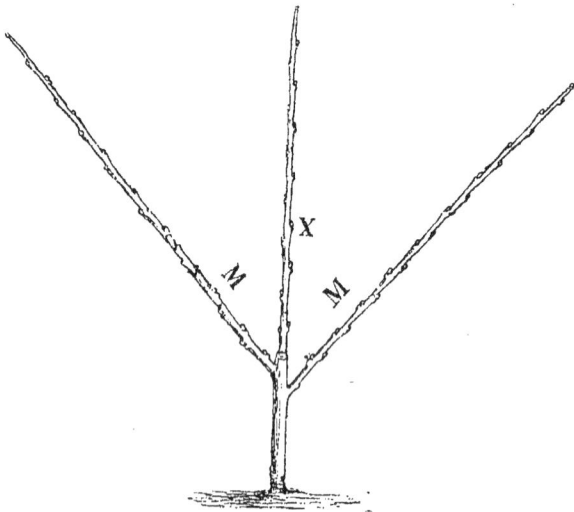

FIG. 51.

bourde, le dard couronné, la bourse, la branche,
et le rameau à fruit. Les boutons ne se trouvent
que sur le vieux bois ; c'est le contraire de ce qui
a lieu pour le pêcher. On se rappelle que la brindille, ainsi que les branches et les rameaux, peut
être facilement mise à fruit.

On ne taille ni les dards, ni les lambourdes, ni

les bourses. Toutes les branches à fruit sont tenues
les plus près possibles de leur empattement. On ne

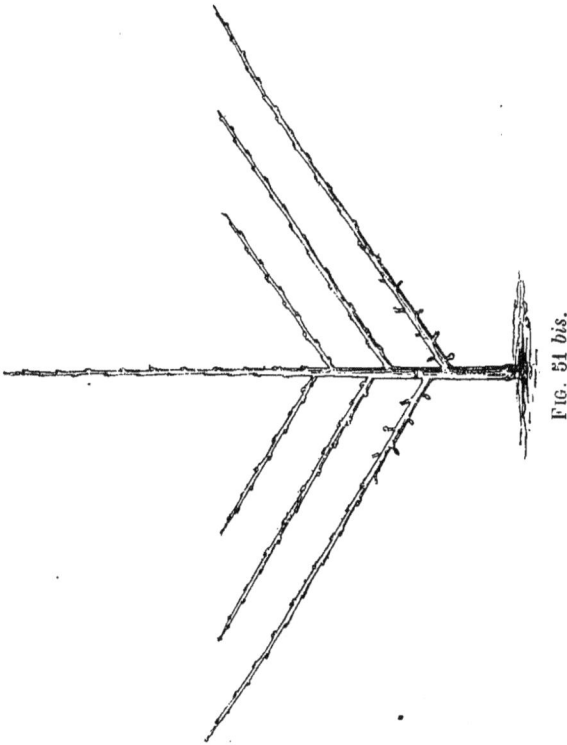

Fig. 51 *bis.*

laisse que deux, trois ou quatre yeux sur chacune.
On casse les brindilles plutôt qu'on ne les taille,
pour les obliger à se mettre à fruit.

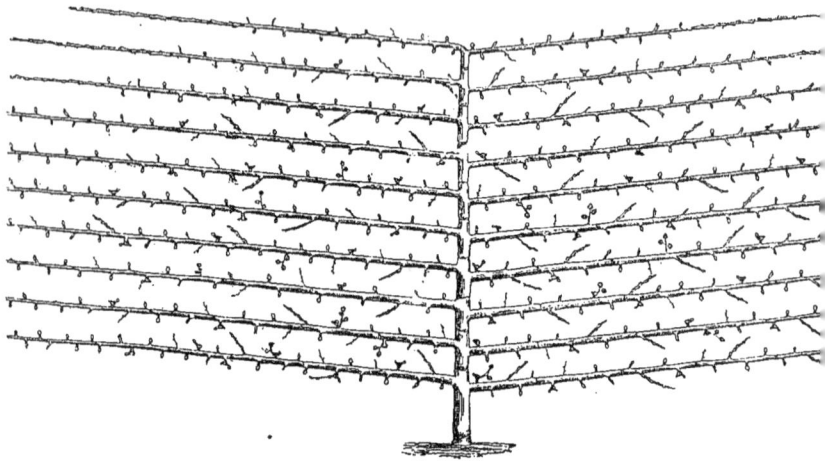

FIG. 51 *ter*.

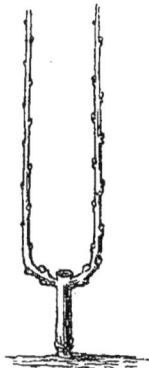

FIG. 52 bis.

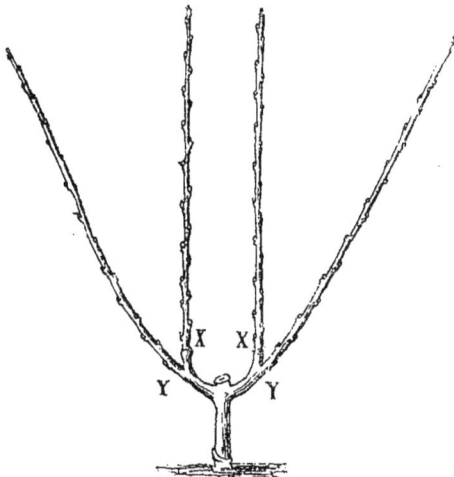

FIG. 52.

FIG. 53.

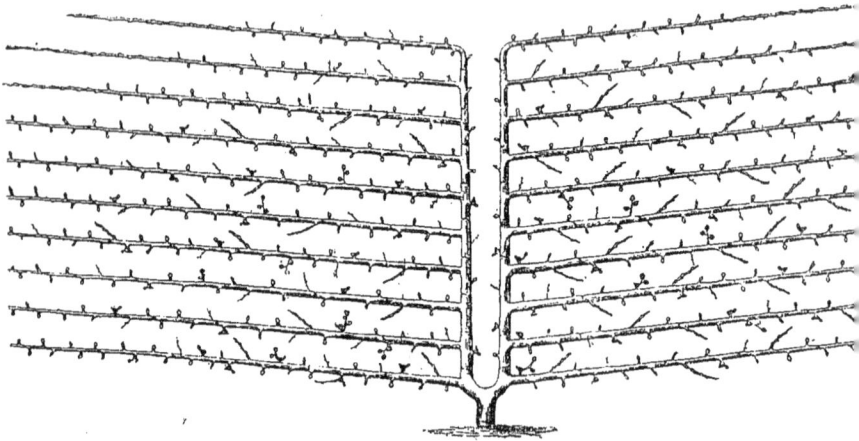

FIG. 53 bis.

PALMETTE CROISÉE.

550. *Comment conduit-on le poirier en forme de palmette croisée?*

On conduit le poirier sous cette forme de la même manière que le pêcher, sauf la taille des productions, qui se fait comme nous venons de le dire en parlant du poirier en palmette (*fig.* 54).

TAILLE DU POMMIER.

551. *Comment se font la conduite et la taille du pommier ?*

La conduite et la taille du pommier sont les mêmes que celles du poirier. Le pommier se plaît bien en contre-espalier. On lui fait avoir la forme en palmette croisée, parce que, toutes les branches de charpente étant soudées ensemble, l'arbre se soutient sans treillage.

Tous les principes donnés pour les formes en espalier, conviennent au contre-espalier.

ARBRES EN QUENOUILLE OU CONE.

552. *Qu'appelle-t-on arbres en quenouille ou cône?*

Ces arbres sont ainsi appelés parce qu'on leur fait avoir la forme d'une quenouille ou d'un pain de sucre ; leur taille exige beaucoup de soins.

553. *Comment se fait la taille des arbres en quenouille ?*

1re TAILLE. — Il s'agit ici d'un sujet écussonné l'année précédente. (*Fig.* 55.) L'écusson a produit un bourgeon qu'on a tenu verticalement attaché à

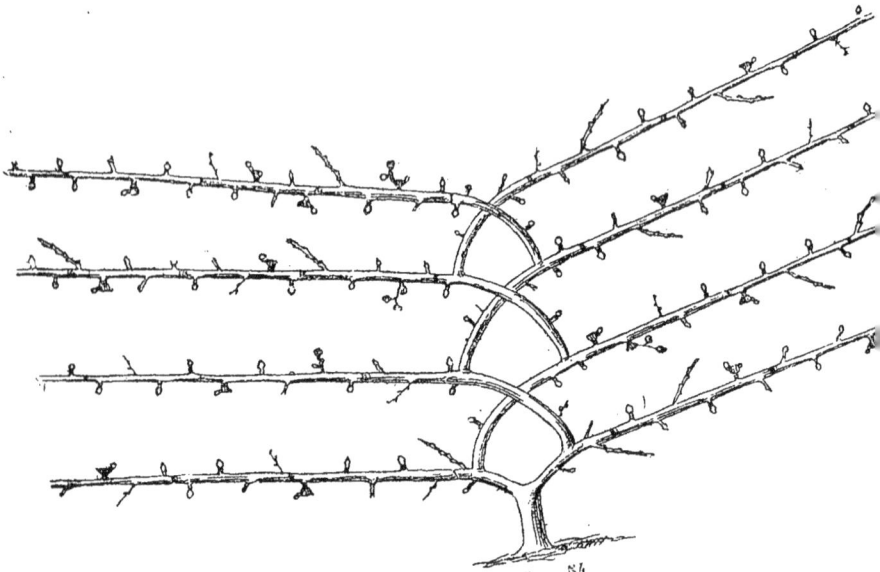

FIG 54.

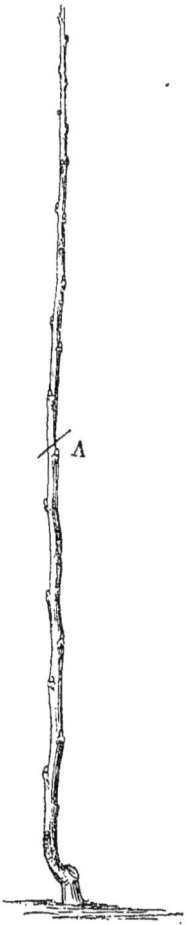

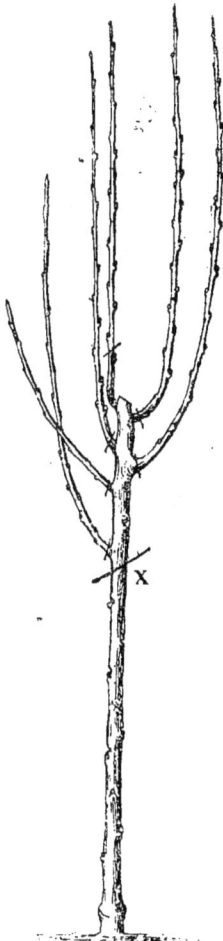

FIG. 55.

FIG. 56.

un tuteur. La taille consiste à rabattre ce rameau à peu près à la moitié de sa longueur et sur un œil placé du côté opposé à celui d'où est sorti l'écusson afin de faire avoir à la tige la direction verticale.

Il importe que les yeux de la base se développent parfaitement, car les branches inférieures ont besoin d'acquérir de la force avant que la sève se porte à la partie supérieure. On pratiquerait des incisions au-dessus de ces yeux s'ils restaient endormis. L'œil terminal doit être favorisé ; pour lui faire avoir plus de vigueur, on pince les yeux qui sont immédiatement au–dessous de lui.

2e TAILLE. — Si, la première année, les yeux de la partie supérieure s'étaient seuls développés, au lieu de prolonger la tige,on la rabattrait au-dessous de la première coupe. On ferait des entailles au-dessous de quelques-uns des yeux supérieurs, pour ralentir leur développement. (*Fig.* 56.)On se contenterait d'enlever les rameaux et de tailler la flèche sur deux yeux, si quelques yeux seulement de la base avaient manqué.

Supposons maintenant que les yeux aient poussé convenablement. (*Fig.* 57.) Les premières branches seront laissées à environ 0^m, 50 du sol et 0^m, 25 les unes des autres. On supprimerait quelques-unes de celles qui seraient groupées, parce quelles attireraient trop fortement la sève du même côté et empêcheraient l'autre de se garnir. Les rameaux doivent être taillés long à la base, et court au sommet. On taillera donc les inférieurs sur le cinquième œil, les intermédiaires sur le quatrième et le troisième, et les supérieurs sur le deuxième. On rabattra la flèche au tiers de sa longueur.

Fig. 57.

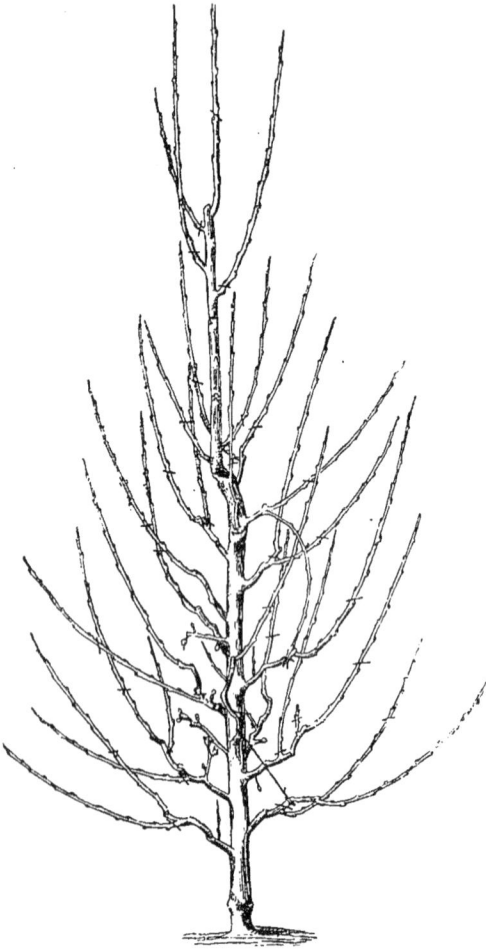

FIG. 57 bis.

3e Taille. — La troisième année, l'arbre montre déjà des brindilles et des dards qui se mettent à fruit dans l'espace d'un, deux ou trois ans, selon les espèces. On ne les taille pas, on les casse ; seulement on doit éviter les bifurcations. Les rameaux latéraux inférieurs sont taillés sur le cinquième œil et les supérieurs sur le deuxième, comme nous l'avons déjà dit. On a soin de mettre une bride aux branches qui prennent trop d'écartement, et de rapprocher de la tige, au moyen d'un lien, celles qui s'en éloignent outre mesure. (*Fig.* 56 *bis*).

Le poirier est, avec le cerisier, le seul arbre que l'on cultive en quenouille et en pyramide.

ARBRES EN PYRAMIDE.

554. *Qu'appelle-t-on arbre en pyramide ?*

Les arbres en pyramide sont ceux auxquels on fait avoir la forme d'un corps géométrique du même nom. Ils sont, comme les quenouilles, garnis de branches de la base au sommet.

555. *Comment se fait la taille des arbres en pyramide ?*

Elle se fait de la même manière que celles des quenouilles ; seulement au lieu de donner à l'arbre la forme circulaire, on le taille de telle sorte qu'il ait au moins trois faces égales et trois arêtes ; le plus souvent, on lui en fait avoir quatre. (Fig. 58.)

Il faut veiller à ce que la pyramide soit bien garnie, particulièrement à la base. On doit tailler court et faire les pincements nécessaires.

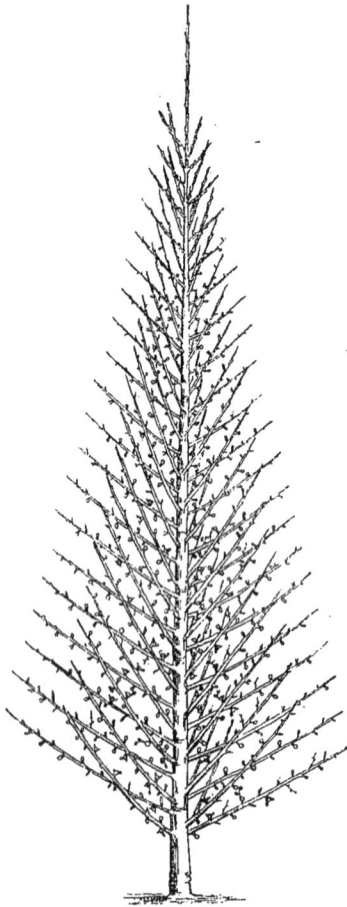

Fig. 58.

ARBRES EN BUISSON, EN GOBELET, EN VASE.

556. *Comment opère-t-on dans la taille de ces arbres ?*

La première année la greffe donne quatre ou cinq bourgeons que l'on conserve. On tâche qu'ils soient rangés convenablement autour de la tige, que l'on

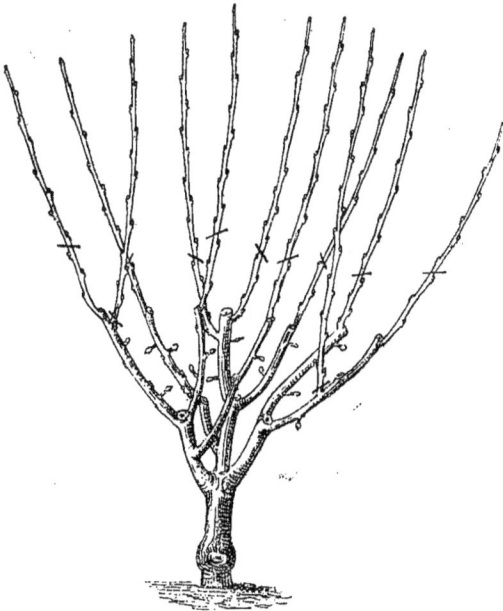

Fig. 59.

rabat au-dessus de la branche supérieure. On taille à trois ou quatre yeux. La deuxième année, de nouveaux rameaux croissent et forment de nouvelles branches qui, taillées comme les premières , finissent par garnir l'arbre dès la troisième année. (*Fig*. 59.)

ARBRES EN PLEIN VENT.

557. *Comment s'opère la taille des arbres en plein vent?*

Ces arbres sont greffés sur une tige d'environ **2** mètres. La première année, on coupe la greffe au-dessus du troisième œil ; elle produit l'année suivante plusieurs rameaux, parmi lesquels on conserve les mieux placés pour faire des branches mères. On taille les nouvelles branches à quatre ou cinq yeux, puis on les laisse grandir, en ayant soin de supprimer les bourgeons de l'intérieur et de modérer la sève des rameaux qui tendraient à s'élever verticalement. (*Fig*. 60.)

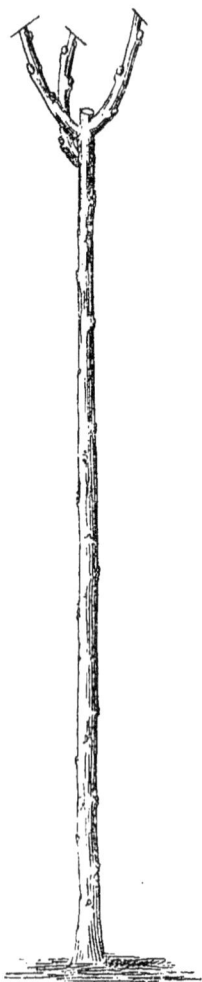

FIG. 60.

CHAPITRE XX

CULTURE SPÉCIALE DES ARBRES FRUITIERS.

Arbres fruitiers à pepins.

POMMIER.

558. *Comment se fait la culture du pommier ?*

Parmi les pommiers, les uns produisent des fruits *à cidre*, les autres des fruits *à couteau*. Le pommier a une racine chevelue qui s'étend horizontalement : il n'a pas de pivot. Il peut donc venir sur un sol moins profond que celui qu'exige le poirier. Les sujets sur lesquels on le greffe sont le sauvageon des bois et le franc pour les arbres à haute tige ou plein vent, le doucin pour les espaliers et contre-espaliers, et le paradis pour les pommiers nains.

559. *Quelles sont les principales espèces hâtives ou d'été?*

Ce sont : le *rambour d'été*, la pomme-*framboise*, la *passe-pomme rouge*, la *madeleine*, la *reinette* et le *calville d'été*, qui mûrissent en août et en septembre.

560. *Quelles sont les principales espèces d'automne?*

Ce sont : la *reinette franche*, la *reinette d'Espagne*, le *gros locard*, qui mûrissent d'octobre à la mi-décembre.

561. *Quelles sont les espèces qui mûrissent pendant l'hiver ?*

Ce sont : le *calville blanc ou à côte*, le *calville rouge d'hiver*, les *reinettes :* la *franche,* la *blanche,* la *grise,* la *dorée ;* les *reinettes d'Angleterre,* la *Bretagne, rouge, de Champagne, du Canada, de court-pendu,* la pomme de *belle fleur.*

562. *Quelles sont les principales espèces de pommes à cidre ?*

Les pommes *Girard, Saint-Gilles, blanc-doux,* la *blanche,* l'*épice,* le *rouget,* la *germaine,* le *gros-doux,* le *muscadet,* le *duret,* la pomme *bouteille,* etc.

POIRIER.

563. *Comment se fait la culture du poirier ?*

On distingue aussi des poiriers à fruits *à poiré* et des poiriers à fruits *à couteau.* On greffe le poirier sur le sauvageon de son espèce, sur franc, sur cognassier et sur aubépine. Greffé sur sauvageon et sur franc, le poirier pousse vigoureusement et dure longtemps ; mais il est long à se mettre à fruit. Sur cognassier et sur aubépine, il fructifie promptement, mais il dure peu. Le poirier aime une terre profonde ; il a des racines pivotantes.

564. *Quelles sont les principales espèces de poires d'été ?*

Ce sont : le *beurré* d'Amanlis et *d'Angleterre,* la *bergamotte d'Angleterre,* le *bon-chrétien d'été,* le *doyenné,* la *poire d'épargne,* la *Madeleine,* la poire de *Saint-Jean.*

565. *Quelles sont les espèces les plus connues qui mûris-*
sent en automne ?

Ce sont : le *beurré*, la *crassane*, le *doyenné blanc*
le *gris*, la *duchesse d'Angoulême*, le *messire-Jean*,
etc.

566. *Quelles sont les espèces les plus connues qui mûris-*
sent en hiver ?

Ce sont : le *beurré gris d'hiver*, le *Bezy Chau-*
montel, le *bon-chrétien d'hiver*, le *doyenné d'hiver*,
le *Saint-Germain*, le *Catillac*, le *Martin-sec*, la
belle-Angevine, le *franc-réal*. Ces quatre dernières se mangent plutôt cuites et en compote que
crues.

COGNASSIER.

567. *Comment se fait la culture du cognassier ?*

On cultive le cognassier pour fournir les sujets
sur lesquels on greffe le poirier. On le multiplie de
semis et d'excroissances. Le fruit du cognassier,
nommé *coing*, sert à faire des confitures.

NÉFLIER.

568. *Comment se fait la culture du néflier ?*

Le néflier est un arbre peu important ; on le reproduit par la greffe sur le néflier sauvage et sur
l'aubépine ; ses fruits, cueillis en octobre, ne sont
bons à manger que lorsqu'ils sont restés quelque
temps dans de la paille ou du foin.

FIGUIER.

569. *Comment se fait la culture du figuier ?*

Le figuier est un arbre du Midi, où il produit en abondance des fruits excellents. Dans les contrées tempérées et froides, il a besoin d'être placé à une exposition chaude. On le protège contre les froids en l'entourant de paille.

Arbres à fruits à noyaux.

PÊCHER.

570. *Comment se fait la culture du pêcher ?*

Le pêcher aime un climat chaud. Pour qu'il réussisse dans le Nord, il a besoin d'être à bonne exposition. On le cultive en plein vent et particulièrement en espalier. On le greffe sur lui-même, sur amandier et sur prunier. En espalier, il exige beaucoup de soins ; il vit peu de temps.

571. *En combien de classes peut-on diviser les pêches ?*

En trois principales : les *pêches* proprement dites, c'est-à-dire à peau velue, à chair fondante et peu adhérente au noyau et à la peau : les *pêches pavies*, c'est-à-dire à peau velue, à chair ferme adhérente au noyau et à la peau : les *brugnons*, ou pêches à peau lisse et sans duvet, appelées aussi *pêches violettes*.

572. *Quelles sont les espèces qu'on peut cultiver en plein vent?*

Ce sont : la *belle de Vitry*, la *pourprée tardive*,

la pêche *de la Toussaint,* la *bourdine de Nar-bonne.*

573. *Quelles sont les espèces que l'on cultive en espalier?*

Ce sont : la *grosse mignonne,* la *mignonne hâtive,* la *Madeleine tardive,* la *bourdine,* la *royale,* la *pêche abricotée.*

ABRICOTIER.

574. *Quelle est la culture de l'abricotier?*

On greffe l'abricotier sur prunier et sur amandier. En plein vent, il donne de meilleurs fruits qu'en espalier ; il est très-sensible au froid.

575. *Quelles sont les espèces que l'on cultive en plein vent?*

Ce sont : l'*abricot hatif,* l'*abricot commun,* l'*abricot de Hollande, de Portugal,* l'*abricot-pêche,* l'*abricot-royal.*

576. *Quelles sont les espèces que l'on cultive en espalier?*

L'*abricot blanc,* l'*abricot de Provence,* le *royal-orange,* le *romain,* etc.

PRUNIER.

577. *Comment se fait la culture du prunier ?*

Le prunier vient très-bien en plein vent et en espalier : on le reproduit par la greffe. On prend pour sujets des sauvageons-pruniers provenus de semis ou de rejetons.

578. *Quelles sont les principales espèces de prunes ?*

Ce sont : la *Reine-Claude verte et violette,* la prune de *Monsieur hâtive,* la *jaune hâtive,* la *mi-*

rabelle, la *double mirabelle* ou *drap d'or*, le *perdri-gon*, la *royale* et le *damas de Tours*, etc.

CERISIER.

579. *Comment se fait la culture du cerisier ?*

Le cerisier n'est pas exigeant : il vient partout, même sur les terrains pierreux, secs, sur les co-teaux, sur les montagnes où il y a à peine 0ᵐ,10 de terre végétale. Aujourd'hui, les cerises sont fort recherchées pour la fabrication de l'alcool.

On multiplie le cerisier par le semis ou par la greffe; on prend pour sujets le cerisier lui-même et une espèce de bois improprement appelée *quenou* dans le Tonnerrois, mais dont le véritable nom est *bois de Sainte-Lucie*.

580. *Quelles sont les principales espèces de cerises?*

Ce sont : les *cerises* proprement dites, *rouges* et *à courtes queues*, les *guignes* et les *bigarreaux*, les *merises* ou cerises sauvages.

Les meilleures cerises sont les *Montmorency*.

OLIVIER.

581. *Comment se fait la culture de l'olivier ?*

L'olivier est d'origine méridionale ; on ne peut le cultiver dans le Nord que comme plante d'agré-ment.

On multiplie les oliviers de rejetons et de bou-tures ; on les greffe sur eux-mêmes. Ils donnent des fruits qui fournissent la meilleure de toute les huiles.

Arbres à fruits à amandes.

AMANDIER.

582. *Comment se fait la culture de l'amandier ?*

L'amandier est un arbre qui produit des fruits appelés *amandes*. On le multiplie de semis ou on le greffe sur lui-même. On ne le cultive que dans les provinces du Midi, où il vient même .dans les plus mauvais terrains.

NOYER.

583. *Comment se fait la culture du noyer ?*

Le noyer se reproduit de semis : il est très-long à croître. Le bois de noyer est excellent pour la menuiserie, et les noix servent à faire de l'huile estimée. On ne le cultive pas dans les jardins, parce qu'il tient trop d'espace et que ses racines envahissent une grande étendue de terrain.

NOISETIER.

584. *Comment se fait la culture du noisetier ?*

Le noisetier se multiplie de semence, mais plus avantageusement de marcottes et d'excroissances ou rejetons. Il vient dans tous les terrains, et n'exige presque aucun soin.

585. *Comment se fait la culture du châtaignier ?*

Le châtaignier se multiplie de semence ; on le greffe aussi sur lui même. En le transplantant, il faut lui conserver le pivot. Le châtaignier ne donne guère de fruits avant vingt-cinq à trente ans. Les plus grosses châtaignes s'appellent *marrons* ; les marrons les plus estimés viennent de Lyon, du Dauphiné et des montagnes du Languedoc.

Parmi les arbres dont on vient de parler, on ne cultive guère, dans les jardins fruitiers, que le pêcher, l'abricotier, le poirier et le pommier à couteau, le prunier et le cerisier. On cultive aussi deux petits arbustes dont les fruits sont employés à faire des confitures et des sirops : le *framboisier* et le *groseillier*.

Vigne.

586. *Dans quelles terres doit-on cultiver la vigne?*

Dans les terres de moyenne consistance, un peu pierreuse, contenant du calcaire, propre à s'échauffer facilement et à laisser les eaux s'égoutter promptement. La vigne exige une couche de terre végétale de 0m,30 à 0m,40 d'épaisseur ; elle demande à reposer sur un sous-sol peu serré, afin qu'elle puisse y développer ses racines. Les terrains argileux, froids, compactes, bas, humides, ne conviennent pas à la culture de la vigne.

587. *Dans quel climat cultive-t-on la vigne ?*

On la cultive en France dans les provinces méridionales, dans le centre et dans l'Est ; mais les départements du Nord, et à plus forte raison la Belgique, la Hollande, l'Angleterre, ne produisent pas de vin ; on le remplace par de la bière, boisson fermentée et faite en grande partie avec de la graine d'orge et du houblon.

588. *Quelle est l'exposition la plus favorable à la vigne ?*

Dans le Midi, c'est le sud ; dans les autres parties de la France, c'est le sud et l'est.

PLANTATION DE LA VIGNE.

589. *Comment la vigne se reproduit-elle ?*

La vigne se reproduit par la plantation de boutures, de crossettes, de marcottes ou chevelées, et aussi par la greffe et les semis.

La greffe n'est en usage que pour les treillages, afin de garnir certains endroits des ceps où les bourgeons ont été cassés ou ont manqué. Les semis sont peu employés.

590. *Qu'est-ce que la bouture de la vigne ?*

La *bouture* est un sarment de l'année.

591. *Qu'appelle t-on crossette ?*

La *crossette* est un sarment de l'année ayant à son extrémité inférieure une petite portion de bois de deux ans.

592. *Qu'appelle-t-on marcottes ou chevelées ?*

Les *marcottes* ou *chevelées* sont des sarments que l'on a couchés en terre par le milieu, au mois de mars ou d'avril, sans les détacher du cep, et

14.

auxquels on a laissé deux yeux. Ils se garnissent de petites racines pendant l'été; à l'automne, on les sèvre, c'est-à-dire on les détache de la souche, et on les lève quand on veut les planter.

593. *Quel est le mode de plantation qui convient le mieux à la vigne?*

La plantation en marcottes ou chevelées est celle qui a le plus de chance de réussite, car au bout de quatre ans, on peut avoir une vigne en plein rapport ; mais elle est très-coûteuse.

Les crossettes poussent parfaitement aussi ; elles doivent être préférées aux boutures. Cependant on plante beaucoup de ces dernières.

594. *A quelle époque plante-t-on la vigne?*

On plante la vigne depuis le mois de novembre jusqu'au mois de mai; dans le centre, il est préférable, lorsqu'on plante des crossettes et des boutures, d'attendre le mois de février. On choisit un temps doux et beau.

595. *Comment opère-t-on la plantation de la vigne ?*

Lorsque la plantation a lieu en *lignes* ou *perchées*, et c'est celle que l'on doit préférer, on tire des lignes au cordeau entre lesquelles on laisse une distance d'environ 0^m,80. On fait des trous ou rigoles, d'une profondeur de 0^m,20 où l'on met les plants, que l'on recouvre de la meilleure terre, et auxquels on ne laisse que deux bons yeux. A 0^m,10 au-dessus du pied des crossettes ou des marcottes, on répand du fumier pour lui conserver plus de fraîcheur. En attendant qu'on plante, on conserve les plants en les enfonçant à la partie inférieure dans des trous d'eau boueuse.

596. *Quels soins exige la vigne pendant les trois ou quatre années qui suivent sa plantation ?*

La première année, on rabat les plants à deux yeux seulement et on défonce le terrain convenablement ; on donne au moins trois façons en été et une en hiver. Au mois d'août, il est bon de pincer les bourgeons pour les faire grossir près de la taille.

La deuxième année, on retranche le sarment le moins vigoureux, et on rabat l'autre à deux yeux. Pendant la végétation, on donne les mêmes soins que l'année précédente, et l'on retranche tous les bourgeons inutiles.

La troisième année de plantation, on ne laisse encore qu'un seul sarment, que l'on taille au-dessus du deuxième œil.

La quatrième année, on conserve deux ou trois sarments, selon la vigueur de la souche, et on les taille à un œil seulement.

La cinquième année, la vigne est en plein rapport.

MANIÈRE DE CONDUIRE LA VIGNE.

597. *Comment conduit-on la vigne ?*

Il y a plusieurs manières. Dans le Midi, on laisse monter la vigne très haut ; elle grimpe aux branches de l'amandier et de l'ormeau, ou bien les jets s'entrelacent et se soutiennent les uns les autres. Ce sont des vignes *en hautin*. Dans d'autres territoires, on trouve des vignes *moyennes*, soutenues par des pieux et des treillages ; ou bien des vignes *basses,* qui, lorsqu'elles sont taillées, n'ont guère que 0m,2 à 0m,3 de hauteur. On attache les sarments à des échalas.

TAILLE DE LA VIGNE A PARTIR DE SA QUATRIÈME ANNÉE.

598. *Quels sont les noms des différentes parties du pied de vigne ?*

On donne le nom de *cep* au pied tout entier, de *souche* à la partie inférieure, de *coursons* ou *membres* ou *branches de charpente* à toutes les parties qui prennent naissance sur la souche et dont le bois a plus d'un an, de *sarment* aux *pousses* de l'année, d'*yeux*, de *bourre* et de *bourgeons* aux parties des sarments qui donnent naissance à d'autres sarments et au raisin.

599. *Comment procède-t-on dans la taille de la vigne ?*

On commence par abattre tous les rejets, tous les sarments inutiles ; on a soin de conserver les plus beaux, les plus vigoureux, ceux qui ont des yeux à fruit, et on les taille à deux ou trois yeux. On évite de trop allonger les coursons par les tailles successives ; pour cela, on supprime les sarments de l'extrémité supérieure de la crossette (bois de deux ans), et on taille les autres. Quand les coursons ont trop de portée, ils perdent de leur vigueur ; on les rabat successivement si l'on trouve sous la souche de beaux sarments pour les remplacer. On a soin de ne laisser aucun chicot et de ne pas rogner trop près de l'œil.

PROVIGNAGE.

600. *Qu'est-ce que le provignage ?*

Le provignage a pour but de remplacer, à l'aide des plants les plus vigoureux, ceux qui ont manqué lors de la plantation, ceux qui ont péri ensuite, et ceux qui sont devenus improductifs ou qui ne produisent pas régulièrement. C'est aussi par le provignage que l'on renouvelle les vieilles vignes au lieu de les arracher. Les fosses se nomment *provins*.

601. *Comment fait-on les provins ?*

On creuse au pied des ceps que l'on veut provigner un trou d'une largeur égale à la distance que les ceps ont entre eux, et profond de $0^m,20$ à $0^m,25$; puis, sans les arracher, on les plonge au fond, et l'on dirige les sarments de côté et d'autre, en ayant soin de ne pas les blesser ; on recouvre le tout de $0^m,07$ à $0^m,08$ de bonne terre. La seconde année, on y met du fumier et de la terre.

ENGRAIS.

602. *Doit-on donner des engrais à la vigne ?*

Si on ne lui en donne pas, elle produit peu, mais le vin est meilleur. Avec des engrais, dans certains pays, on augmente beaucoup le rendement de la vigne. Le fumier froid convient aux vignes dont le sol et l'exposition sont chauds. C'est le contraire pour le fumier chaud. L'époque la plus favorable pour mettre le fumier est le mois de novembre,

parce qu'il produit son effet dès le printemps suivant.

Des terres reposées, portées dans les vignes, les
améliorent considérablement et en prolongent
l'existence.

TRAVAUX D'ENTRETIEN.

603. *Quels sont les travaux qu'exigent les vignes?*

Outre la taille et le provignage, les vignes
exigent au moins deux ou trois labours. Au mois
de mai quand les bourgeons sont déjà au tiers de
leur hauteur, on ébourgeonne, c'est-à-dire on
supprime tous ceux qui n'ont pas de fruits et qui
ne sont pas nécessaires pour la taille suivante.
Cette opération demande à être faite par quelqu'un
qui connaisse la taille de la vigne. On la rogne
quand les grains de raisin ont la grosseur du petit
plomb.

TREILLE.

604. *Qu'appelle-t-on treilles ?*

On appelle *treilles* des vignes cultivées en espalier. Les principes relatifs à la taille de la vigne
sont applicables aux treilles. On leur donne la
direction que l'on veut ; la forme en palmette et la
forme à la Thomery sont les meilleures (*Fig.* 61.)

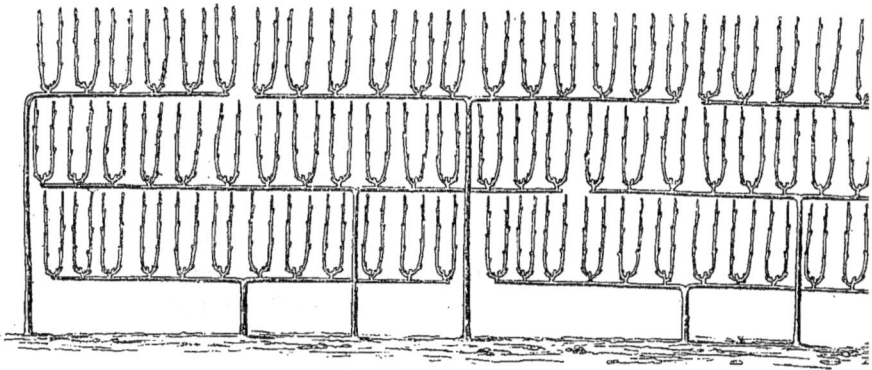

FIG. 61.

CHAPITRE XXI

LA CULTURE DES FLEURS.

605. *Quelles sont les sortes de plantes que l'on cultive pour leurs fleurs ?*

Ce sont : 1° les arbustes ; 2° les plantes vivaces.; 3° les plantes annuelles.

Les plantes annuelles sont celles qui ne durent qu'un an, et les plantes vivaces sont celles qui vivent plusieurs années.

ARBUSTES A FLEURS.

606. *Qu'appelle-t on arbustes à fleurs ?*

Les arbustes sont de petits arbres à rameaux légers et flexibles, que l'on cultive généralement pour l'ornement des habitations. Il y a aussi des arbustes à fruit.

607. *Quels sont les principaux arbustes à fleurs ?*

Le *chèvrefeuille*, qu'on peut cultiver en espalier et en berceau, et qui donne des fleurs odorantes ;

Le *lilas*, dont les fleurs sont printanières ;

Le *seringat*, qui se couvre de fleurs blanches d'une odeur forte et agréable.

Ces trois arbustes se reproduisent par leurs rejetons.

Le *jasmin*, qui produit en abondance de belles fleurs. Il se reproduit de boutures.

Le *pin*, arbre toujours vert et de forme conique, que l'on met aux angles des carrés de fleurs ou au milieu de grands massifs : il se reproduit de semis.

Le *genêt d'Espagne*, qui se multiplie de semis.

La *rose*, dont les variétés sont considérables : c'est un des plus beaux arbustes. Il y a des rosiers de toutes les saisons : on les appelle *remontants*. On écussonne le rosier sur *églantier ;* on le multiplie aussi de rejetons et de boutures.

Il y a une foule d'autres arbustes que l'on cultive soit en pots, soit en pleine terre, tels que les *lauriers*, les *géraniums* ; etc.

PLANTES VIVACES.

608. *Quelles sont les plantes vivaces les plus faciles à cultiver ?*

La *violette*, la *primevère*, le *narcisse des poètes*, la *pivoine*, la *corbeille d'or*, le *muguet*, la *valériane*, le *muflier* ou *gueule de lion*, le *lis*, l'œillet de poète, la *croix de Jérusalem*, la *campanule*, l'*hémérocalle*, les *dahlias*, les *chrysanthèmes*, le *phlox*, le *thym*, etc.

PLANTES ANNUELLES.

609. *Quelles sont les fleurs annuelles les plus connues ?*

La *mauve*, la *balsamine*, la *Reine-Marguerite*, les *giroflées*, le *réséda*, le *pois de senteur*, le *haricot d'Espagne*, la *belle-de-nuit*, etc. Toutes ces fleurs se reproduisent de semis.

Récolte et conservation des Fruits.

610. *Comment se fait la cueillette des fruits ?*

On cueille les fruits lorsqu'ils sont mûrs, ni trop tôt ni trop tard. Cueillis trop tôt, ils se fanent, se rident et perdent une partie de leurs qualités ; trop tard, ils se conservent mal. Pour rentrer les fruits, on choisit une belle journée. On ne les serre pas avant qu'ils aient jeté leur feu, c'est-à-dire qu'ils soient ressuyés.

611. *Comment peut-on conserver les fruits ?*

On les met dans une chambre spéciale, saine, qu'on nomme *fruitier ;* on les étend sur des tablettes les uns à côtés des autres et sans qu'ils se touchent. On élimine tous ceux qui sont piqués, tachés, meurtris, qui se pourriraient promptement et feraient pourrir les autres. Les caves et les celliers peuvent servir de fruitiers s'ils ne sont pas trop humides.

Maladie des arbres fruitiers.

612. *Quelles sont les maladies des arbres] fruitiers ?*

Ces maladies sont la gomme, la cloque, le blanc, la rouille, le chancre, la jaunisse, et celles qui sont causées par la mousse et les plantes parasites.

613. *Qu'est-ce que la gomme ?*

C'est une maladie qui atteint les arbres à fruit à noyaux ; elle consiste dans un écoulement de sève à l'extérieur de l'arbre, qui a pour effet de détruire les branches sur lesquelles il se manifeste. Le seul remède efficace à employer est de râcler les dépôts de glu jusqu'au vif, de nettoyer les plaies avec de l'eau, et de mettre dessus un emplâtre d'onguent de Saint-Fiacre. Quelquefois une incision faite sur le côté opposé réussit bien.

614. *Qu'est-ce que la cloque ?*

Cette maladie est particulière au pêcher. Elle apparaît au printemps sur les feuilles, qui se roulent sur elles-mêmes et se crispent : alors, ne transmettant plus aux rameaux les principes nutritifs qu'elles puisent dans l'air, le bourgeon languit et l'arbre tend à dépérir. — Le remède consiste à enlever les feuilles *cloquées* en laissant le pétiole.

615. *Qu'est-ce que le blanc ?*

Cette maladie atteint particulièrement le pêcher et la vigne. Elle se présente sous forme de poussière blanchâtre attaquant les feuilles, les bourgeons et les fruits ; elle est due à la présence de champignons de divers genres. Sur le pêcher, le blanc arrête complétement la végétation, fait tomber les fruits ou les empêche de grossir et de prendre de la qualité. Un moyen d'en débarrasser l'arbre, c'est de soupoudrer dès le début, avec de la fleur de soufre, les parties atteintes, que l'on mouille préalablement ; sur la vigne, la maladie est plus difficile à arrêter. On a employé plusieurs procédés, parmi lesquels l'insufflation du soufre est regardée, sinon comme un remède souverain, du moins comme le plus efficace.

616. *Qu'est-ce que la rouille ?*

La rouille est causée par un champignon rougeâtre qui se développe sous les feuilles des végétaux. Pour la détruire, il faut l'enlever.

647. *Qu'est-ce que le chancre ?*

Le chancre est une partie d'écorce sèche, calcinée, formant une plaie qui s'étend chaque jour ; l'arbre qui en est atteint souffre. Pour l'en guérir, on râcle les plaies jusqu'au vif et on les recouvre d'onguent de Saint-Fiacre.

618. *Qu'est-ce que la jaunisse ?*

Dans cette maladie, les feuilles jaunissent et les bourgeons cessent de croître. Elle est causée ou par une trop grande sécheresse, ou par l'épuisment du sol. On la combat, dans le premier cas, en arrosant ; dans le second, en enlevant la terre usée du pied de l'arbre et en mettant de la nouvelle terre à la place avec du fumier.

619. *Quelles sont les plantes parasites des arbres fruitiers?*

La mousse, les lichens, les champignons, etc., envahissent les arbres, entravent leurs fonctions et nuisent à leur développement. On se débarrasse de ces parasites par la serpette ou par le chaulage.

CALENDRIER DU JARDINIER

JANVIER.

Transport du fumier pour couches ; fabrication des paillassons et des treillages, etc. — Labours préparatoires. Soins généraux aux instruments de culture. — Semis de fèves de marais, à l'abri du vent froid ; de melon, de concombres, etc. — Plantations d'arbres dans les terrains sains.

FÉVRIER.

Fin des labours d'hiver. — Semis en pleine terre d'oignons, carottes, salsifis, oseille, épinards, pois hatifs, lentilles, ciboules, poireaux, persil, asperges, fèves, etc. — Semis sur couches de melons, choux pommés, céleri, pourpier, cerfeuil, petite laitue, raves et radis. — Taille des arbres à la fin du mois. Boutures d'arbres. — Plantations de pommes de terre.

MARS.

Semaille de chicorées, choux pommés tardifs, choux-fleurs, poirée, haricots, raves, radis hâtifs, carottes, panais, etc. — Plantation de fraisiers, estragon, pommes de terre, ciboules, échalottes, etc. — Labour et fumure d'asperges. — Plantation des oignons, des navets, etc. — Repiquage des me-

11.

lons, des concombres, des choux fleurs. — Taille des arbres. — Greffe en fente. — Arrosements de onze heures à midi.

AVRIL.

Plantation d'asperges. — Semis en pleine terre de persil, laitues, romaine, cerfeuil, raves, épinards, céleri, choux pommés, betteraves, choux frisés, carottes, panais, salsifis, haricots, concombres, potirons, asperges, etc. — Sarclage des plantes semées. — Greffe en couronne, en écusson, à œil poussant. — Marcottage des arbrisseaux, de la vigne, etc.

MAI.

Semaille en pleine terre de navets, chicorée, concombres pour cornichons, laitues, pourpier, etc. — Plantations de pois, de haricots, choux-fleurs, choux Milan pommés ; poirée, artichauts, laitues. — Eclaircir les semis trop drus. — Nettoyage des planches de fraisiers. — Greffe en écusson des arbres à fruits à noyaux. — Sarclage des pépinières.

JUIN.

Semis des plantes indiquées dans le mois précédent et de chicorée, navets, haricots suisses pour l'automne. — Binage des pépinières. — Ébourgeonnement des arbres fruitiers, de la vigne. — Greffe en écusson des rosiers, etc. — Ramer les haricots, œilletonner les artichauts. — Arrosages fréquents. — Récoltes des porte-graines.

JUILLET.

Plantation de pois, de fèves, de haricots pour manger vert à l'automne; de choux d'hiver. — Semis de choux d'York, de poireaux, de cardes pour le printemps. — Greffe en écusson à œil dormant sur églantier, sur épine, sur poirier. — Labours légers. — Ratissage des allées.

AOUT.

Semis de salsifis, choux-fleurs, carottes, épinards, etc. — Plantation de fraisiers. — Arrachage des pommes de terre hâtives. — Desserrer les ligatures des écussons du mois précédent. — Greffe en écussons à œil dormant sur abricotier, cognassier, poirier, pommier, cerisier, etc. — Oter des feuilles aux arbres pour avancer la maturité des fruits.

SEPTEMBRE.

Semis de salades pour l'hiver. — Repiquage du céleri. — Plantation de fraisiers. — Arrachage des pommes de terre. — Desserrer les ligatures des écussons du mois précédent. — Continuation de la greffe en écusson à œil dormant sur cerisier, pêcher, pommier, etc. — Plantation de choux d'hiver, de chicorée.

OCTOBRE.

Plantation de fraisiers, d'œilletons, d'artichauts, porte-graines de chicorée. — Repiquage en ados de l'oignon blanc, de la laitue de la Passion, de choux-fleurs, des choux d'York. — Lier céleri et chicorée pour les faire blanchir. — Culture des artichauts. — Plantation d'arbres dans les terrains secs. — Récolte des fruits d'hiver. — Rentrée des fleurs qui craignent le froid.

NOVEMBRE,

Couvrir de paille ou de grandes litières les radis, les raves, les choux-fleurs qui doivent passer l'hiver au jardin. — Mettre en cave betteraves, navets, salsifis, chicorée, etc., avant les gelées. — Garantir les couches du froid au moyen de paillassons, de réchauds. — Donner un labour profond aux pépinières. — Planter arbres et arbrisseaux dans les terres saines.

DÉCEMBRE.

Battage et nettoyage des graines ; les classer, les étiqueter. — Semis de romaines, de laitues, de radis. — Fabrication de paillassons pendant les mauvais temps. — Réparation des outils. — Défrichement. — Transport de terres. — Commencement de la taille des arbres fruitiers.

FIN.

TABLE DES MATIÈRES

2274. — ABBEVILLE. — TYP. ET STÉR. GUSTAVE RETAUX.

VICOMTE ACCOÏYER DE TRENTINIAN

SOUVENIRS

DE

VOYAGES

D'UN MARIN BRETON

DEUXIÈME ÉDITION

PARIS

G. TÉQUI, LIBRAIRE-ÉDITEUR

6, RUE DE MÉZIÈRES, 6

1880

LIBRAIRIE DUCROCQ

RUE DE SEINE, 55, PARIS.

VIENT DE PARAITRE :

LEÇONS DE CHOSES

RÉCITS ENFANTINS

DESTINÉS

AUX ÉLÈVES DU COURS ÉLÉMENTAIRE ET DU COURS MOYEN

EXTRAITS DES LECTURES GRADUÉES

DE H.-A. DUPONT

Auteur de la *Citolégie*

PAR

M. JULES MESSIN

Inspecteur primaire à Paris.

PREMIÈRE PARTIE	PREMIÈRE PARTIE
Cours élémentaire (garçons).	Cours élémentaire (filles).
DEUXIÈME PARTIE	DEUXIÈME PARTIE
Cours moyen (garçons).	Cours moyen (filles).

Cet ouvrage est adopté pour les Écoles de la Ville de Paris.

CHAQUE VOLUME, ORNÉ DE 70 VIGNETTES

Prix, cartonné....... 1 fr.

2435. — ABBEVILLE. — TYP. ET STÉR. GUSTAVE RETAUX.

www.ingramcontent.com/pod-product-compliance
Lightning Source LLC
Chambersburg PA
CBHW070305200326
41518CB00010B/1896